Duden

SMS Schnell-Merk-System

Mathematik

5. bis 10. Klasse

Dudenverlag
Berlin

Inhaltsverzeichnis

4. Funktionen 50

5. Geometrie 68

6. Wahrscheinlichkeitsrechnung und Stochastik 98

Testfragen 110

1 Grundbegriffe und Symbole

Mathematische Zeichen und Symbole

Verknüpfungen

$=$	gleich	$\leq$	kleiner oder gleich
$\neq$	ungleich	$\geq$	größer oder gleich
$\approx$	rund, angenähert	$\Rightarrow$	wenn …, dann …
$\triangleq$	entspricht	$\Leftrightarrow$	genau dann, wenn
$<$	kleiner als		
$>$	größer als		

Zeichen/Operatoren

$+$	plus	$n!$	n Fakultät
$-$	minus	$\binom{n}{k}$	n über k (Binomialkoeffizient)
$\cdot$	mal, multipliziert mit	$(x; y)$	geordnetes Paar x, y
$a : b$; $\frac{a}{b}$	a geteilt durch b	$\sim$	proportional
a^b	a hoch b (Potenz)	$\mapsto$	Zuordnung
$\sqrt{}$	Quadratwurzel aus	$f(x)$	f von x (Wert der Funktion f an der Stelle x)
$\sqrt[n]{}$	n-te Wurzel aus	π	Kreiszahl Pi ($\pi = 3{,}14159\ldots$)
$\lvert x \rvert$	Betrag von x	e	eulersche Zahl ($e = 2{,}71828\ldots$)
%	Prozent	∞	unendlich
‰	Promille		
$a \mid b$	a ist Teiler von b		
$a \nmid b$	a ist nicht Teiler von b		

Mengen

A, B, M_1	Mengen
{a; b}	Menge mit den Elementen a und b
{x|x = …}	Menge aller x, für die gilt: x = …
{ } oder ∅	leere Menge
$\in$	Element von
$\notin$	nicht Element von
$\subseteq$	Teilmenge von
$\subset$	echte Teilmenge von
$A \cup B$	Vereinigungsmenge von A und B
$A \cap B$	Schnittmenge von A und B
$\mathbb{N}$	Menge der natürlichen Zahlen
$\mathbb{Z}$	Menge der ganzen Zahlen
$\mathbb{Q}$	Menge der rationalen Zahlen
$\mathbb{R}$	Menge der reellen Zahlen
L	Lösungsmenge

Logarithmen

$\log_a x$	Logarithmus x zur Basis a
ln x	Logarithmus x zur Basis e
lg x	Logarithmus x zur Basis 10
lb x	Logarithmus x zur Basis 2

Winkelfunktionen

sin	Sinus
tan	Tangens
cos	Kosinus
cot	Kotangens

Geometrie

$\sim$	proportional, ähnlich
$\cong$	kongruent, deckungsgleich
$\perp$	senkrecht auf
$\parallel$	parallel zu
$\sphericalangle$	Winkel
⊾	rechter Winkel
Δ ABC	Dreieck A, B, C
$\overline{AB}$	Strecke AB
$\vec{a}$; $\vec{G}$; $\overrightarrow{AB}$	Vektoren

Intervalle

[a; b]	abgeschlossenes Intervall von a bis b
]a; b[	offenes Intervall
[a; b[	halboffenes Intervall

Mengen

Eine **Menge** ist die Zusammenfassung von verschiedenen Objekten zu einer Einheit. Die Objekte sind **Elemente** der Menge.

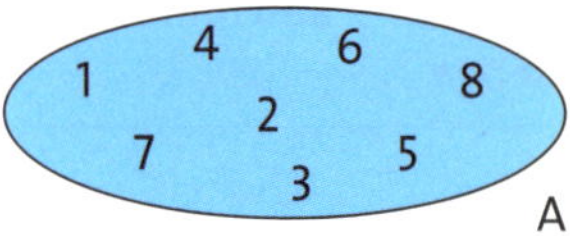

$A = \{1; 2; 3; 4; 5; 6; 7; 8\}$

$3 \in A$ 3 ist Element von A

$9 \notin A$ 9 ist nicht Element von A

Mengengleichheit

Zwei Mengen A und B sind **gleich**, wenn sie dieselben Elemente besitzen.

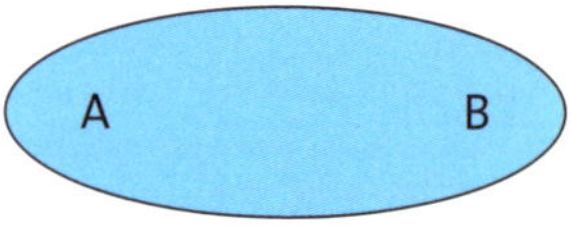

$A = B$

A ist eine **Teilmenge** von B, wenn jedes Element von A auch Element von B ist. Gibt es ein Element in B, das nicht zu A gehört, ist A **echte Teilmenge** von B.

$A \subseteq B$

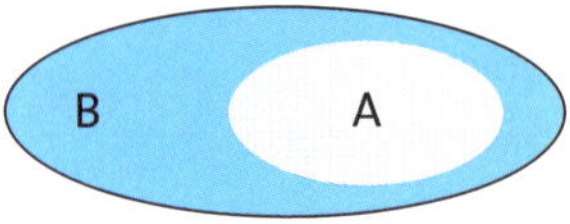

$A \subset B$

Die Menge aller Elemente, die in A oder in B oder in beiden Mengen enthalten sind, bildet die **Vereinigungsmenge** $A \cup B$.

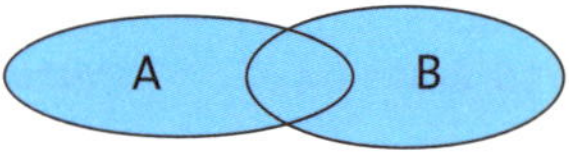

$A \cup B$

Die Menge aller Elemente, die zu A *und* zu B gleichzeitig gehören, bildet die **Schnittmenge** $A \cap B$ (auch Durchschnittsmenge).

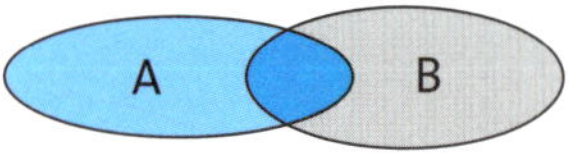

$A \cap B$

Zahlenmengen

Zahlenmenge	Beschreibung	uneingeschränkt ausführbare Rechenoperationen
natürliche Zahlen (↑ S. 10)	$\mathbb{N} = \{0; 1; 2; 3; \ldots\}$ $\mathbb{N}^* = \mathbb{N} \setminus \{0\} = \{1; 2; 3; \ldots\}$ (natürliche Zahlen ohne die Null)	Addition, Multiplikation
ganze Zahlen (↑ S. 22)	$\mathbb{Z} = \{\ldots; -3; -2; -1; 0; 1; 2; 3; \ldots\}$	Addition, Multiplikation, Subtraktion
gebrochene Zahlen (↑ S. 16)	$\mathbb{Q}_+ = \{\frac{p}{q} \text{ mit } p, q \in \mathbb{N} \text{ und } q \neq 0\}$	Addition, Multiplikation, Division (nicht 0)
rationale Zahlen (↑ S. 23)	$\mathbb{Q} = \{\frac{p}{q} \text{ mit } p, q \in \mathbb{Z} \text{ und } q \neq 0\}$	Addition, Multiplikation, Subtraktion, Division (nicht 0)
reelle Zahlen (↑ S. 24)	$\mathbb{R} = \mathbb{Q} \cup \mathbb{I}$ $\mathbb{I}$ irrationale Zahlen (unendliche nichtperiodische Dezimalbrüche)	Addition, Multiplikation, Subtraktion, Division (nicht 0), Wurzelziehen

Beziehungen zwischen den Zahlenmengen

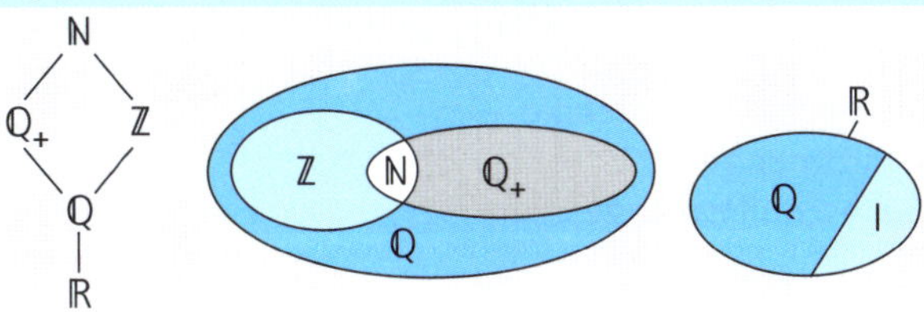

Ziffern

Zum Darstellen natürlicher Zahlen verwendet man **Ziffern.**

Die Zahl Zwölf wurde in den verschiedenen Jahrhunderten und in verschiedenen Ländern unterschiedlich dargestellt:

■ vor 5 000 Jahren in Ägypten	∩II
■ vor 3 500 Jahren in China	–II
■ vor 2 000 Jahren im Römischen Reich	XII
■ mit arabischen Ziffern	12
■ im Dualsystem	IIOO

Dualsystem

Anstelle der 10 kann man auch jede andere Zahl als Basis eines solchen Positionssystems wählen.
Wählt man 2 als Basis, erhält man das **Dualsystem** mit den beiden Ziffern O und I (O steht für 0, I steht für 1).

	2^4	2^3	2^2	2^1	2^0	Dual
Wert	16	8	4	2	1	
12		I	I	O	O	IIOO
26	I	I	O	I	O	IIOIO
29	I	I	I	O	I	IIIOI

Römische Zahlzeichen

Eine andere Art der Darstellung natürlicher Zahlen als Positionssysteme sind **römische Zahlzeichen.** Folgen kleinere Ziffern auf größere, werden sie addiert. Steht eine kleinere vor einer größeren Ziffer, wird sie subtrahiert.

I	V	X	L	C	D	M
1	5	10	50	100	500	1000

CXI = 111   XL = 40   XCV = 95   CMLII = 952   VIII = 8

Stellenwertschreibweise

Heute werden meist die zehn Ziffern 0, 1, 2, 3, 4, 5, 6, 7, 8 und 9 (auch Grundziffern genannt) verwendet.
Dabei kommt auch der Stelle, an der eine Ziffer steht, eine große Bedeutung zu.

Hunderttausender, Zehntausender, Tausender, Hunderter, Zehner, Einer

	HT	ZT	T	H	Z	E
845 762	8	4	5	7	6	2

Dezimalsystem

Bei der Darstellung der natürlichen Zahlen bilden die Zahl 10 und deren Potenzen die Grundlage. Man spricht deshalb vom **dekadischen Positionssystem** oder vom **Dezimalsystem.**

Hexadezimalsystem

Mit 16 als Basis erhält man das **Hexadezimalsystem.**
Die Grundziffern hierbei sind: 0, 1, 2, 3, 4, 5, 6, 7, 8, 9, A, B, C, D, E, F. Der Zusatz h kennzeichnet die hexadezimale Schreibweise.

	16^3	16^2	16^1	16^0	Hex
Wert	4096	256	16	1	
25			1	9	19h
696		2	B	8	2B8h
6991	1	B	4	F	1B4Fh

2 Zahlen und Rechnen

Natürliche Zahlen

Die Zahlen 0; 1; 2; 3; ... usw. bilden die **Menge ℕ der natürlichen Zahlen.**

$\mathbb{N}^* = \mathbb{N} \setminus \{0\}$: Menge der natürlichen Zahlen ohne die Zahl 0

Auf jede natürliche Zahl folgt ihr **Nachfolger.** Zu jeder natürlichen Zahl (außer der ersten) gibt es eine vorangehende Zahl, ihren **Vorgänger.**

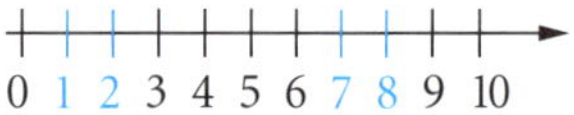

8 ist der Nachfolger von 7.
1 ist der Vorgänger von 2.

Vorgänger	Zahl	Nachfolger
3 256	3 257	3 258

Messen mit natürlichen Zahlen

Dabei wird bestimmt, wie oft die **Maßeinheit** in der Größe enthalten ist.

Längenangabe:	7 m
Maßeinheit:	m
Maßzahl:	7

Länge

1 km	=	1 000 m	1 m	=	0,001 km
1 m	=	10 dm	1 dm	=	0,1 m
1 dm	=	10 cm	1 cm	=	0,01 m
1 cm	=	10 mm	1 mm	=	0,1 cm

Masse

1 t	=	10 dt = 1 000 kg	1 kg	=	1 000 g
1 dt	=	100 kg	1 g	=	1 000 mg
1 kg	=	0,001 t	1 g	=	0,001 kg
1 kg	=	0,01 dt	1 mg	=	0,001 g

Runden

Dies ist das Ersetzen eines Zahlenwertes durch einen Näherungswert. Ist die rechts neben der Rundungsstelle stehende Ziffer eine 0, 1, 2, 3, 4, wird **abgerundet.** Bei den Ziffern 5, 6, 7, 8, 9 wird **aufgerundet.**

Rundungsstelle ↓

3 647 auf Zehner runden
$3\,647 \approx 3\,650$
3 647 auf Hunderter runden
$3\,647 \approx 3\,600$
3 647 auf Tausender runden
$3\,647 \approx 4\,000$

2

Rechnen mit natürlichen Zahlen

Addieren ist z. B. das Zusammenfassen, Dazugeben, Hinzufügen, Vermehren und Verlängern. Summanden können vertauscht werden **(Kommutativgesetz).**Klammern können umgesetzt werden **(Assoziativgesetz).**

1. Summand ↓

$7 + 2 = 9$ (7 plus 2 gleich 9)

↑ **2. Summand**

7 + 2 heißt **Summe.**

$a + b = b + a$
$8 + 7 = 15 \qquad 7 + 8 = 15$

$a + (b + c) = (a + b) + c$
$6 + (4 + 9) = (6 + 4) + 9$
$6 + 13 = 10 + 9 = 19$

Subtrahieren ist z. B. das Wegnehmen, Vermindern, Abziehen oder Verringern. Die Subtraktion ist die Umkehrung der Addition. a + b = c ist gleichwertig mit b = c – a.

Minuend ↓

$8 - 3 = 5$ (8 minus 3 gleich 5)

↑ **Subtrahend**

8 – 3 heißt **Differenz.**
$3 + 5 = 8 \quad 5 = 8 - 3$

Rechnen mit natürlichen Zahlen

Multiplikation ist die mehrfache Addition gleicher Summanden.

$12 + 12 + 12 = 3 \cdot 12 = 36$

1. Faktor ↓

$4 \cdot 8 = 32$ (4 mal 8 gleich 32)

↑ **2. Faktor**

$4 \cdot 8$ heißt **Produkt.**

- Die Multiplikation von natürlichen Zahlen ist immer ausführbar und eindeutig.
- Ein Produkt ist 0, wenn (mindestens) ein Faktor 0 ist.

$a \cdot 0 = 0 \cdot a = 0$

- Ein Produkt natürlicher Zahlen, in dem kein Faktor 0 ist, ist nie kleiner als ein einzelner Faktor.

$a \cdot b = c$	$1 \cdot 9 = 9$
$c \geq a$	$9 \geq 1$
$c \geq b$	$9 \geq 9$

Faktoren können vertauscht werden **(Kommutativgesetz).**

$a \cdot b = b \cdot a$

$5 \cdot 7 = 35 \qquad 7 \cdot 5 = 35$

Faktoren darf man beliebig zusammenfassen **(Assoziativgesetz).**

$a \cdot (b \cdot c) = (a \cdot b) \cdot c$

$3 \cdot (4 \cdot 2) = 3 \cdot 8 = 24$

$(3 \cdot 4) \cdot 2 = 12 \cdot 2 = 24$

Eine Summe oder Differenz wird mit einem Faktor multipliziert, indem man jede Zahl mit diesem Faktor multipliziert und die entstehenden Produkte addiert oder subtrahiert **(Distributivgesetz).**

$a \cdot (b \pm c) = a \cdot b \pm a \cdot c$

$5 \cdot (8 - 4) = 5 \cdot 8 - 5 \cdot 4$

$= 40 - 20 = 20$

Die Umkehrung der Multiplikation ist die Division. $a \cdot q = c$ ist gleichwertig mit $q = c : a$ ($a \neq 0$). Im Bereich der natürlichen Zahlen ist die Division nur dann uneingeschränkt ausführbar, wenn der Dividend ein Vielfaches (↑ S. 15) des Divisors ist.

Dividend ↓

$32 : 8 = 4$ (32 durch 8 gleich 4)

↑ **Divisor**

32 : 8 heißt **Quotient.**

- Die Division durch 0 ist nicht definiert (n. d.).
- $a : 1 = a$ und $a : a = 1$, weil $a \cdot 1 = a$

$55 : 1 = 55$
$55 : 55 = 1$, weil $55 \cdot 1 = 55$

- Eine Summe oder Differenz kann gliedweise dividiert werden **(Distributivgesetz).**

$(a \pm b) : c = a : c \pm b : c$

$$321 : 3 = (300 + 21) : 3 = 300 : 3 + 21 : 3 = 100 + 7 = 107$$

Quadrieren ist die Multiplikation einer Zahl mit sich selbst.
$a^2 = a \cdot a = c$

Exponent ↓

$7^2 = 49$ (7 zum Quadrat gleich 49)

↑ **Quadrat**

↑ **Basis**

Potenzieren ist die n-fache Multiplikation einer Zahl mit sich selbst.

Exponent ↓

$4^3 = 64$ (4 hoch 3 gleich 64)

↑ **Potenz**

↑ **Basis**

$a^n = a \cdot a \cdot a \cdot ... \cdot a = c$
= n-mal Faktor a

$2^5 = 2 \cdot 2 \cdot 2 \cdot 2 \cdot 2 = 32$

- $a^0 = 1$
- $a^1 = a$

$9^0 = 1$ $\quad 26^0 = 1$
$7^1 = 7$ $\quad 327^1 = 327$

Rechenregeln

- Was in **Klammern** steht, wird zuerst berechnet.
- **Punktrechnung** geht vor **Strichrechnung.**

$$\underbrace{\underbrace{(8-4)}_{4} \cdot 3}_{12} + 2 = 14$$

Teilbarkeitsregeln

Teiler	Regel ($n \in \mathbb{N}$)	Beispiel
n	Null ist durch jede Zahl n teilbar, aber nicht durch sich selbst.	$0 : 12 = 0$ $0 : 0 =$ nicht definiert
n	Jede Zahl n ist durch sich selbst teilbar.	$13 : 13 = 1$
1	Jede Zahl n ist durch 1 teilbar.	$17 : 1 = 17$
2	Eine Zahl n ist durch 2 teilbar, wenn die letzte Ziffer 0; 2; 4; 6 oder 8 ist.	$208 : 2 = 104$ $35 : 2 =$ nicht teilbar
3; 9	Eine Zahl n ist durch 3 bzw. 9 teilbar, wenn ihre **Quersumme** (Summe der einzelnen Ziffern) durch 3 bzw. 9 teilbar ist.	$96 : 3 = 32$ Quersumme: $9 + 6 = 15$ $15 : 3 = 5$
4	Eine Zahl n ist durch 4 teilbar, wenn die letzten beiden Ziffern eine durch 4 teilbare Zahl bilden.	$716 : 4 = 179$ $16 : 4 = 4$
5	Eine Zahl n ist durch 5 teilbar, wenn die letzte Ziffer 0 oder 5 ist.	$845 : 5 = 169$ $1020 : 5 = 204$
6	Eine Zahl n ist durch 6 teilbar, wenn sie sowohl durch 2 als auch durch 3 teilbar ist.	$558 : 6 = 93$ $558 : 2 = 279$ $558 : 3 = 186$
8	Eine Zahl n ist durch 8 teilbar, wenn die letzten drei Ziffern eine durch 8 teilbare Zahl bilden.	$1136 : 8 = 142$ $136 : 8 = 17$

Primzahlen sind nur durch 1 und sich selbst teilbar. 1 ist keine Primzahl.

2 3 5 7 11 13 17 19 23
29 31 37 41 43 47 53 59
61 67 71 73 79 83 89 97
101 103 107 109 113 127

Die Zerlegung einer Zahl als Produkt aus Primzahlen heißt **Primfaktorzerlegung.**

$60 = 2 \cdot 2 \cdot 3 \cdot 5 = 2^2 \cdot 3 \cdot 5$
$140 = 2 \cdot 2 \cdot 5 \cdot 7 = 2^2 \cdot 5 \cdot 7$

Zahlen, die nur die 1 als gemeinsamen Teiler haben, sind **teilerfremd.**

9 und 10 sind teilerfremd
$T_9 = \{1; 3; 9\}$
$T_{10} = \{1; 2; 5; 10\}$

Teiler und Vielfaches

a ist **Teiler** von b (a | b), wenn es ein n ($n \in \mathbb{N}^*$) gibt, sodass $a \cdot n = b$.

b heißt **Vielfaches** von a, wenn a ein Teiler von b ist.

gT (a, b) ist **gemeinsamer Teiler** von a und b, wenn gT (a, b) sowohl a als auch b teilt.

gV (a, b) ist **gemeinsames Vielfaches** von a und b, wenn sowohl a als auch b Teiler von gV (a, b) ist.

Zur **Bestimmung** des **g**rößten **g**emeinsamen **T**eilers, **ggT,** multipliziert man die höchsten Potenzen aller Primfaktoren, die sowohl in der Zerlegung von a als auch von b vorkommen.

Zur **Bestimmung** des **k**leinsten **g**emeinsamen **V**ielfachen, **kgV,** multipliziert man die höchsten Potenzen aller Primfaktoren beider Zerlegungen.

$ggT(28, 42) = 2 \cdot 7 = 14$, da $28 = 2 \cdot 2 \cdot 7$; $42 = 2 \cdot 3 \cdot 7$

$kgV(12, 15) = 2^2 \cdot 3 \cdot 5 = 60$, da $12 = 2^2 \cdot 3$; $15 = 3 \cdot 5$

Bruchzahlen

Ein Bruch $\frac{a}{b}$ wird durch den **Zähler** a und den **Nenner** b gebildet ($a, b \in \mathbb{N}$; $b \neq 0$). Brüche mit dem Zähler 1 heißen **Stammbrüche.**

$\frac{1}{2}, \frac{2}{3}, \frac{5}{4}, \frac{17}{10}$

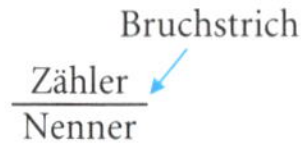

$\frac{1}{2}, \frac{1}{3}, \frac{1}{5}, \frac{1}{10}, \frac{1}{12}$

Jeder Bruchzahl ist genau **ein** Punkt auf dem Zahlenstrahl zugeordnet.

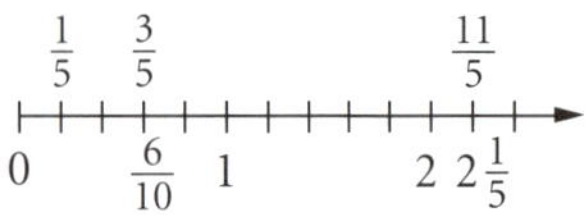

Bei einem **echten Bruch** ist der Zähler kleiner als der Nenner, bei einem **unechten Bruch** größer oder gleich.

echte Brüche: $\frac{1}{5}, \frac{8}{23}, \frac{25}{27}$

unechte Brüche: $\frac{8}{7}, \frac{25}{22}, \frac{78}{78}$

Brüche mit gleichem Nenner heißen **gleichnamig,** ansonsten ungleichnamig.

gleichnamige Brüche: $\frac{1}{5}, \frac{4}{5}, \frac{18}{5}$

Echte Brüche geben den **Anteil** an einem Ganzen an. Der Nenner gibt die Zahl der Teile an, der Zähler gibt an, wie viele dieser Teile den Wert des Bruchs ausmachen.

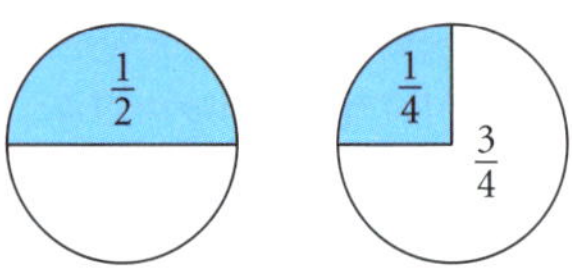

$\frac{b}{a}$ ist der **Kehrwert** (das Reziproke) von $\frac{a}{b}$.

$\frac{a}{b} \cdot \frac{b}{a} = 1 \qquad \frac{7}{9} \cdot \frac{9}{7} = \frac{63}{63} = 1$

Zum **Erweitern** werden Zähler und Nenner mit derselben Zahl multipliziert.

$\frac{a}{b} = \frac{a \cdot c}{b \cdot c}$ $(c \neq 0)$ $\quad \frac{2}{5} = \frac{2 \cdot 3}{5 \cdot 3} = \frac{6}{15}$

Beim **Kürzen** werden Zähler und Nenner durch dieselbe Zahl dividiert.

$\frac{a}{b} = \frac{a:c}{b:c}$ $\quad \frac{12}{18} = \frac{12:6}{18:6} = \frac{2}{3}$

$c \neq 0$ und $c \mid a$ und $c \mid b$

Der Wert eines Bruches ändert sich durch Erweitern und Kürzen nicht.

$\frac{12}{20} = \frac{24}{40} = \frac{3}{5} = \frac{60}{100}$

Zwei Brüche lassen sich stets **gleichnamig machen** und so **vergleichen.**

Vergleich:

$\frac{12}{22}$ und $\frac{17}{33}$ $\quad \frac{36}{66} > \frac{34}{66}$

Derjenige Bruch ist größer, der auf dem Zahlenstrahl weiter rechts liegt.

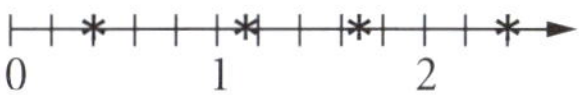

$0 < \frac{2}{5} < \frac{11}{10} < \frac{5}{3} < \frac{12}{5}$

Rechnen mit Bruchzahlen

Gleichnamige Brüche werden **addiert** bzw. **subtrahiert,** indem man die Zähler addiert bzw. subtrahiert und den Nenner beibehält. Ungleichnamige Brüche müssen erst gleichnamig gemacht werden.

$\frac{a}{c} + \frac{b}{c} = \frac{a+b}{c}$ $(a, b, c \in \mathbb{N};\ c \neq 0)$

$\frac{13}{27} + \frac{12}{27} = \frac{13+12}{27} = \frac{25}{27}$

$\frac{a}{c} - \frac{b}{c} = \frac{a-b}{c}$

$(a, b, c \in \mathbb{N};\ c \neq 0;\ a \geq b)$

$\frac{13}{27} - \frac{12}{27} = \frac{13-12}{27} = \frac{1}{27}$

Beim **Multiplizieren** werden jeweils die Zähler und Nenner miteinander multipliziert.

$\frac{a}{b} \cdot \frac{c}{d} = \frac{a \cdot c}{b \cdot d}$ $(a, b, c, d \in \mathbb{N})$

$\frac{3}{4} \cdot \frac{6}{7} = \frac{3 \cdot 6}{4 \cdot 7} = \frac{18}{28} = \frac{9}{14}$

$\frac{4}{6} \cdot \frac{12}{23} = \frac{4 \cdot \cancel{12}^{2}}{{}_{1}\cancel{6} \cdot 23} = \frac{8}{23}$

Rechnen mit Bruchzahlen

Beim **Dividieren** wird mit dem Kehrwert dieses Bruches multipliziert.

$\frac{a}{b} : \frac{c}{d} = \frac{a \cdot d}{b \cdot c}$ $(a, b, c, d \in \mathbb{N})$

$\frac{3}{4} : \frac{6}{7} = \frac{3 \cdot 7}{4 \cdot 6} = \frac{21}{24} = \frac{7}{8}$

Brüche mit einer Potenz von 10 im Nenner heißen **Dezimalbrüche.** Alle Brüche $\frac{a}{b}$ lassen sich durch Division von a durch b in Dezimalbrüche umwandeln.

$\frac{a}{10^n}(a, n \in \mathbb{N})$ $\frac{1}{10} = \frac{1}{10^1} = 0{,}1$

$\frac{1}{100} = \frac{1}{10^2} = 0{,}01$ $\frac{32}{1000} = 0{,}032$

$\frac{25}{8} = 25 : 8 = 3{,}125$

$\frac{2}{3} = 2 : 3 = 0{,}666666$

Prozentrechnung

Ein **Prozent** ist ein Hundertstel einer Bezugsgröße G, des **Grundwerts.** Die Angabe p% heißt **Prozentsatz,** die Zahl p heißt **Prozentzahl** (Prozentpunkt). Der Wert W, der dem Prozentsatz entspricht, heißt **Prozentwert.**

$1\,\%$ von $G = G \cdot \frac{1}{100} = \frac{G}{100}$

Prozentsatz

↓

25 % von 600 € sind

↑

Grundwert

$\frac{25}{100} \cdot 600\,€ = 150\,€$

↑

Prozentwert

Grundgleichung der Prozentrechnung:

$p\,\% = \frac{W}{G}$ oder $\frac{p}{100} = \frac{W}{G}$

Von 30 Schülern treiben 18 in der Freizeit Sport.

$p\,\% = \frac{18}{30} = \frac{6}{10} = 0{,}6$

Das sind 60 % der Schüler.

Prozentwert:

$W = p\,\% \cdot G$ oder $W = \frac{p \cdot G}{100}$

56 % der 75 Vereinsmitglieder sind anwesend.

$W = \frac{56 \cdot 75}{100} = \frac{56 \cdot 3}{4} = 42$

Das sind 42 Mitglieder.

Grundwert:

$G = \frac{W}{p\%}$ oder $G = \frac{W \cdot 100}{p}$

Von vier Kindern zahlt jedes 0,90 € und damit 25 % für das Popcorn im Kino.

$G = \frac{0{,}90\,€ \cdot 100}{25} =$

$0{,}90\,€ \cdot 4 = 3{,}60\,€$

Das Popcorn kostet 3,60 €.

Vermindert sich der Grundwert um einen Prozentsatz, so ist das ein **prozentualer Abschlag.**
Vermehrt sich der Grundwert um einen Prozentsatz, so ist das ein **prozentualer Zuschlag.**
Ursprünglicher Grundwert:

$G = \frac{G_-}{100\,\% - p\,\%}$

$G = \frac{G_+}{100\,\% + p\,\%}$

prozentualer Abschlag:
$G_- = G \cdot (100\,\% - p\,\%)$ bzw.
$G_- = G \cdot (1 - \frac{p}{100})$

prozentualer Zuschlag:
$G_+ = G \cdot (100\,\% + p\,\%)$ bzw.
$G_+ = G \cdot (1 + \frac{p}{100})$

Nettopreis: 3,75 €
Mehrwertsteuer: 16%
$G_+ = 3{,}75\,€ \cdot (1 + \frac{16}{100})$
$G_+ = 3{,}75\,€ \cdot 1{,}16 = 4{,}35\,€$
Bruttopreis: 4,35 €

Zinsrechnung

Die Grundbegriffe und die Grundgleichung der Zinsrechnung entsprechen denen der Prozentrechnung.

Grundwert G = Kapital K
Prozentsatz p % = Zinssatz p %
Prozentwert W = Zinsen Z

$\frac{p}{100} = \frac{W}{G} \qquad = \frac{p}{100} = \frac{Z}{K}$

Bei der Zinsrechnung spielt die Zeit eine Rolle. Allgemein bezieht sich der Zinssatz auf ein Jahr.
Ein Zinsjahr entspricht 360 Tagen.

Monatszinsen:

$Z_m = \frac{p}{100} \cdot K \cdot \frac{m}{12}$

Tageszinsen:

$Z_t = \frac{p}{100} \cdot K \cdot \frac{t}{360}$

Aufgabencheck

1. Was ist gesucht?
2. Was ist gegeben?
3. Welche Größen sind einander zugeordnet (↑ S. 52)?

Ist es eine **direkt proportionale** Zuordnung? →

Direkt proportionale Zuordnung

der 1. Größe → die 2. Größe
dem Doppelten → das Doppelte
dem 5-Fachen → das 5-Fache

„Je mehr → desto mehr"
(im gleichen Verhältnis)

Ein Brötchen kostet 20 ct, sieben Brötchen kosten 1,40 €.
Der Zug benötigt für 80 km 1 h Fahrzeit, für 120 km 1,5 h.
Ein Werkstück wiegt 875 g, drei Werkstücke 2 625 g.

Ist es eine **indirekt proportionale** (eine umgekehrt proportionale) Zuordnung? →

Indirekt proportionale Zuordnung

der 1. Größe → die 2. Größe
dem Doppelten → die Hälfte
dem 5-Fachen → der 5. Teil

„Je mehr → desto weniger"
(im umgekehrten Verhältnis)

Ein Maler benötigt einen Tag für den Anstrich der Wand, zwei Maler benötigen nur 0,5 Tage.
Fährt der Zug mit 120 km/h, benötigt er 30 min, bei 180 km/h nur 20 min für dieselbe Strecke.

Beispielrechnung für den direkten Dreisatz

Die Größenpaare haben den gleichen Quotienten (↑ S. 35).
Es gilt: $\frac{x}{a} = \frac{B}{A}$

5 kg einer Ware kosten 45 €. Wie viel kosten 15 kg dieser Ware?

	1. Größe	2. Größe	Allgemein
Wir wollen wissen:	15 kg kosten	x €	$a \triangleq x$
1 Wir wissen:	5 kg kosten	45 €	$A \triangleq B$
2 Wir dividieren:	1 kg kostet	$\frac{45}{5}$ € = 9 €	$\frac{B}{A}$
3 Wir berechnen x:	15 kg kosten	$15 \cdot 9$ € = 135 €	$\frac{a \cdot B}{A} = x$

Beispielrechnung für den indirekten Dreisatz

Die Größenpaare bilden das gleiche Produkt (↑ S. 35).
Es gilt: $a \cdot x = A \cdot B$

Bei einer Geschwindigkeit von 45 $\frac{km}{h}$ benötigt man 2 Stunden. Wie lange braucht man, wenn man mit 30 $\frac{km}{h}$ fährt?

	1. Größe	2. Größe	Allgemein
Wir wollen wissen:	$30\,\frac{km}{h}$	x h	$a \triangleq x$
1 Wir wissen:	$45\,\frac{km}{h}$	2 h	$A \triangleq B$
2 Wir dividieren:	$1\,\frac{km}{h}$	$45 \cdot 2$ h = 90 h	$A \cdot B$
3 Wir berechnen x:	$30\,\frac{km}{h}$	$\frac{90}{30}$ h = 3 h	$\frac{A \cdot B}{a} = x$

Ganze Zahlen

Setzt man die Folge der natürlichen Zahlen auf dem Zahlenstrahl nach links fort, dann erhält man die **negativen Zahlen.** Aus dem Zahlenstrahl wird eine **Zahlengerade.** Die Null ist weder positiv noch negativ.

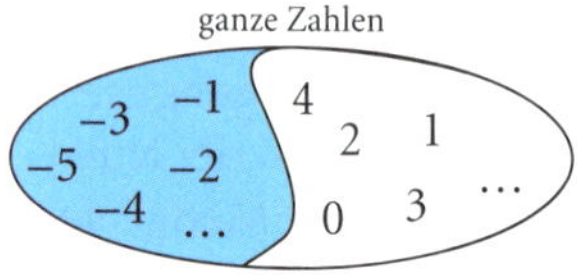

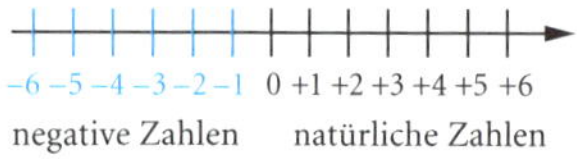

Im Bereich der ganzen Zahlen ist die Subtraktion uneingeschränkt ausführbar.

$5 - 12 = -7$
$23 - 45 = -22$

Zahlen, die auf der Zahlengeraden den gleichen Abstand von 0 haben, heißen zueinander **entgegengesetzte Zahlen.**
Der Abstand einer ganzen Zahl g vom Nullpunkt ist ihr absoluter Betrag $|g|$ (oder Betrag von g).

Zahl	entgegengesetzte Zahl
4	–4
–35	35

$|g| = g$, wenn g positiv oder 0 ist
$|g| = -g$, wenn g negativ ist
$|x| = 4 \Rightarrow x_1 = -4;\ x_2 = 4$

Bei der Multiplikation und Division ganzer Zahlen gilt für die **Vorzeichen:**

$+ \cdot + = +$	$+ : + = +$
$- \cdot - = +$	$- : - = +$
$- \cdot + = -$	$- : + = -$
$+ \cdot - = -$	$+ : - = -$

$5 \cdot 9 = 45$	$10 : 2 = 5$
$-5 \cdot -9 = 45$	$-10 : -2 = 5$
$-5 \cdot 9 = -45$	$-10 : 2 = -5$
$5 \cdot -9 = -45$	$10 : -2 = -5$

Rationale Zahlen

Aus den Bruchzahlen, den zu ihnen entgegengesetzten Zahlen und der Null ergibt sich die Menge **der rationalen Zahlen** $\mathbb{Q}$.

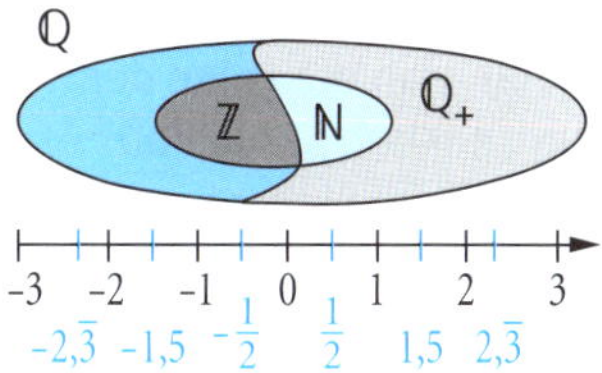

Im Bereich der rationalen Zahlen sind alle vier Grundrechenoperationen (außer Division durch 0) uneingeschränkt ausführbar.

$\frac{2}{7} - \frac{5}{7}$	$\mathbb{Q}_+$	keine Lösung
$\frac{2}{7} - \frac{5}{7}$	$\mathbb{Q}$	$-\frac{3}{7}$
$(-9) : 2$	$\mathbb{Z}$	keine Lösung
$(-9) : 2$	$\mathbb{Q}$	-4,5

Rechnen mit rationalen Zahlen

Addition zweier Zahlen mit **gleichen Vorzeichen:**

- Beträge bilden und diese addieren,
- Summe erhält das Vorzeichen der Summanden.

$\frac{2}{7} + \frac{2}{7} = \frac{4}{7}$

$-3{,}2 + (-5{,}9) = -9{,}1$

Addition zweier Zahlen mit **unterschiedlichen Vorzeichen:**

- Beträge bilden,
- kleineren Betrag vom größeren subtrahieren,
- Summe erhält das Vorzeichen der Zahl mit dem größeren Betrag.

$-4{,}9 + 2{,}3 = -2{,}6$

$4{,}9 + (-2{,}3) = 2{,}6$

$\frac{1}{8} + (-\frac{7}{8}) = -\frac{6}{8}$

$-\frac{1}{8} + \frac{7}{8} = \frac{6}{8}$

Rechnen mit rationalen Zahlen

Multiplikation:

- Betrag vom Produkt bilden,
- Vorzeichen: Das Produkt ist **positiv** bei gerader Anzahl der negativen Faktoren; **null,** wenn mindestens *ein Faktor* Null ist; **negativ** bei ungerader Anzahl negativer Faktoren.

$3{,}5 \cdot (-2{,}3) \cdot 5{,}6 \cdot (-2{,}1) = 94{,}668$

$3{,}5 \cdot (-2{,}3) \cdot 5{,}6 \cdot 0 = 0$

$-3{,}5 \cdot (-2{,}3) \cdot 5{,}6 \cdot (-2{,}1) = -94{,}668$

Division:

- Betrag von a durch b bilden,
- Vorzeichen: Der Quotient ist **positiv** bei gleichen Vorzeichen; **negativ** bei verschiedenen Vorzeichen.

$1{,}44 : 1{,}2 = 1{,}2$
$(-1{,}44) : (-1{,}2) = 1{,}2$
$(-2{,}8) : 0{,}7 = -4$
$2{,}8 : (-0{,}7) = -4$

Reelle Zahlen

Zahlen, die nicht in der Form $\frac{a}{b}$ ($a, b \in \mathbb{Z}$; $b \neq 0$) dargestellt werden können, heißen **irrationale Zahlen.** Als Dezimalbruch sind sie **unendlich** und **nicht periodisch.**
Zur Menge der **reellen Zahlen** gehören die rationalen und die irrationalen Zahlen.

$\pi = 3{,}141592\ldots$
$e = 2{,}718281\ldots$
$\sqrt{3} = 1{,}73205\ldots$
rational: $\sqrt{121} = 11$
irrational: $\sqrt{5} = 2{,}236067\ldots$

Potenzen

Die Potenz a^2 ($a \in \mathbb{N}$) heißt **Quadratzahl.** Die Potenz a^3 ($a \in \mathbb{N}$) heißt **Kubikzahl.**

$a^2 = a \cdot a \quad 12^2 = 12 \cdot 12 = 144$
$a^3 = a \cdot a \cdot a \quad 4^3 = 4 \cdot 4 \cdot 4 = 64$

Es gelten folgende Festlegungen:

- $a^1 = a \quad a^0 = 1 \quad a^{-1} = \frac{1}{a}$

  $6^1 = 6 \quad 14^0 = 1 \quad 16^{-1} = \frac{1}{16}$

- $a^{-n} = \frac{1}{a^n}$ ($a \in \mathbb{R}$; $a \neq 0$)

  $13^{-2} = \frac{1}{13^2} = \frac{1}{169}$

- $0^n = 0$
  (0^0 ist nicht definiert.)

  $0^4 = 0$

- Der Wert einer Potenz mit **negativer Basis** ist positiv, wenn der Betrag des Exponenten eine gerade Zahl ist. Er ist negativ, wenn der Betrag des Exponenten eine ungerade Zahl ist.

  $(-2)^{-4} = \frac{1}{16}$

  $(-2)^3 = -8$

Potenzgesetze

$a^n \cdot a^m = a^{n+m}$

$2^3 \cdot 2^5 = 2^{3+5} = 2^8 = 256$
$0{,}5^3 \cdot 0{,}5^2 = 0{,}5^5 = 0{,}03125$

$a^n : a^m = a^{n-m}$

$2^7 : 2^4 = 2^{7-4} = 2^3 = 8$
$(-2)^3 : (-2)^4 = (-2)^{3-4} = (-2)^{-1}$
$= -\frac{1}{2}$

$a^n \cdot b^n = (a \cdot b)^n$

$3^3 \cdot 4^3 = (3 \cdot 4)^3 = 12^3 = 1\,728$

Potenzgesetze

$a^n : b^n = (a : b)^n$ — $(-4)^3 : 2^3 = (\frac{-4}{2})^3 = (-2)^3 = 8$

$\frac{a^n}{b^n} = (\frac{a}{b})^n$ — $\frac{8^2}{4^2} = (\frac{8}{4})^2 = 2^2 = 4$

$(a^n)^m = a^{n \cdot m}$ — $(2^2)^3 = 2^{2 \cdot 3} = 2^6 = 64$

$(\frac{a}{b})^n = (\frac{b}{a})^{-n}$ — $(\frac{3}{4})^2 = \frac{3^2}{4^2} = \frac{4^{-2}}{3^{-2}} = (\frac{4}{3})^{-2}$

Aufgepasst: Potenzieren geht vor Punktrechnung.

Wurzeln

Das **Radizieren** (Wurzelziehen) ist eine Umkehrung des Potenzierens. $a^n = c$ ist gleichbedeutend mit $a = \sqrt[n]{c}$.

Wurzelexponent

$a = \sqrt[n]{c}$

Wurzelwert — Radikand

a gleich n-te Wurzel aus c ($a \in \mathbb{R}$; $a \geq 0$; $n \in \mathbb{N}$; $n \geq 2$; $c \geq 0$)

Wurzelgesetze

Man kann Wurzeln in Potenzen überführen.

$\sqrt[n]{a^m} = a^{\frac{m}{n}}$ — $\sqrt[3]{5^2} = 5^{\frac{2}{3}}$

($a \geq 0$; $m, n \in \mathbb{N}$; $m \geq 1$; $n \geq 2$)

$\sqrt[n]{a} \cdot \sqrt[n]{b} = \sqrt[n]{a \cdot b}$ — $\sqrt{12} \cdot \sqrt{3} = \sqrt{36} = 6$

$\sqrt[n]{a} : \sqrt[n]{b} = \sqrt[n]{\frac{a}{b}}$	$\sqrt[3]{81} : \sqrt[3]{3} = \sqrt[3]{\frac{81}{3}} = \sqrt[3]{27} = 3$
$(\sqrt[n]{a})^m = \sqrt[n]{a^m}$	$(\sqrt[3]{8})^2 = \sqrt[3]{8^2} = \sqrt[3]{64} = 4$
$\sqrt[m]{\sqrt[n]{a}} = \sqrt[m \cdot n]{a} = \sqrt[n]{\sqrt[m]{a}}$	$\sqrt[2]{\sqrt[3]{64}} = \sqrt[2 \cdot 3]{64} = \sqrt[6]{64} = 2$
Es gilt: $\sqrt[n]{1} = 1$ $\sqrt[n]{0} = 0$ $\sqrt[n]{a^n} = a \; (a > 0)$	

Logarithmen

Das **Logarithmieren** ist die zweite Umkehrung des Potenzierens.	$2^5 = 32 \Rightarrow \log_2 32 = 5$ $10^2 = 100 \Rightarrow \log_{10} 100 = 2$
$a^n = c$ ist gleichbedeutend mit $n = \log_a c$ ($a \in \mathbb{R}$; $a > 0$; $n \in \mathbb{N}$; $n \neq 0$; $n \neq 1$, $c \geq 0$).	n gleich Logarithmus von c zur Basis a

Logarithmengesetze

$\log_a (n \cdot m) = \log_a n + \log_a m$	$\log_2 (4 \cdot 8) = \log_2 4 + \log_2 8$ $= 2 + 3 = 5$
$\log_a (\frac{n}{m}) = \log_a n - \log_a m$	$\log_3 (\frac{27}{9}) = \log_3 27 - \log_3 9$ $3 - 2 = 1$
$\log_a (n^m) = m \cdot \log_a n$	$\log_5 (25^4) = 4 \cdot \log_5 25$ $= 4 \cdot 2 = 8$
$\log_a \sqrt[5]{n} = \frac{1}{5} \cdot \log_a n$	$\log_2 \cdot \sqrt[4]{8} = \frac{1}{4} \cdot \log_2 8$ $= \frac{1}{4} \cdot 3 = \frac{3}{4}$

3 Gleichungen und Ungleichungen

Terme und Variablen

Eine **Variable** ist ein Zeichen für ein Objekt aus einer Menge gleichartiger Objekte. Diese Menge ist der Variablengrundbereich (oder Grundbereich) G.

Variablen werden oft durch Buchstaben dargestellt:
x, y, a, b, g, A, M

$n \in \mathbb{N}$ n ist eine beliebige natürliche Zahl

Ein **Term** ist eine sinnvolle mathematische Zeichenreihe ohne *Relationszeichen.*

Relationszeichen:
$<, >, =, \neq, \leq, \geq$
Terme: $3 + \frac{1}{4}$; $n + 2b$; $\sin x$
kein Term: $7 < 9$; $3x = 15$

Terme mit gleichem Wert heißen **gleichwertig** (äquivalent) in ihrem Grundbereich.

gleichwertig:
$126 : 3$ und $6 \cdot 7$
$a^2 - b^2$ und $(a + b)(a - b)$

Termumformung

Gleiche Variablen mit unterschiedlichen Koeffizienten werden in algebraischen Summen zusammengefasst, indem die Koeffizienten addiert (subtrahiert) werden.

Koeffizient

$x + x + x + x = 4 \cdot x = 4x$
$ab + ab + ab = 3 \cdot ab = 3ab$
$2x + 4y + 6x - y = 8x + 3y$
$5a^2 + b + 4a^2 = 9a^2 + b$

Auflösen von Klammern in algebraischen Summen:

- bei „+“ vor der Klammer: Klammer weglassen;

$T_1 + T_2$

$(3a + 5y) + (4a - y)$

$= 3a + 5y + 4a - y = 7a + 4y$

- bei „–“ vor der Klammer: Klammer und Minuszeichen weglassen und bei allen Gliedern die Vorzeichen umkehren.

$T_1 - T_2$

$(3a + 5y) - (4a - y)$

$= 3a + 5y - 4a + y = -a + 6y$

$= 6y - a$

Ein zweigliedriger Term heißt **Binom,** ein dreigliedriger **Trinom,** ein mehrgliedriger **Polynom.**

Binom:

$x + y;\ \ 3a^2 - 4b;\ \ \frac{1}{4}z + \frac{1}{2}u$

Trinom:

$a^2 + b^2 + c;\ \ 3x - 4y + z$

Ausmultiplizieren eines Polynoms: Jedes Glied des Polynoms in der Klammer wird mit der Variablen (oder Zahl) multipliziert.

$a(x - y + z) = ax - ay + az$

$2(b^2 + 4c - 3x) = 2b^2 + 8c - 6x$

Beim **Ausklammern** wird jedes Glied des Polynoms durch die ausgeklammerte Variable (Zahl) dividiert.

$6x + 8y - 4z$

$= 2 \cdot 3x + 2 \cdot 4y - 2 \cdot 2z$

$= 2(3x + 4y - 2z)$

Zwei Polynome werden **multipliziert,** indem man jedes Glied des einen Polynoms mit jedem des anderen multipliziert.

$(3a + 4b)(2a - 3b + c)$

$= 6a^2 - \underbrace{9ab} + 3ac$

$\quad + \underbrace{8ab} - 12b^2 + 4bc$

$= 6a^2 - \underbrace{ab} + 3ac - 12b^2 + 4bc$

Termumformung

Bei der **Division von Polynomen** kann man oft nach dem Ausklammern kürzen.

$$\frac{15xy - 3y}{6yz} = \frac{\overset{1}{\cancel{3y}}(5x - 1)}{_1\cancel{3y}(2z)} = \frac{5x - 1}{2z}$$

$(y, z \neq 0)$

Binomische Formeln

Einige Binome treten häufig auf und nehmen so eine Sonderstellung ein.

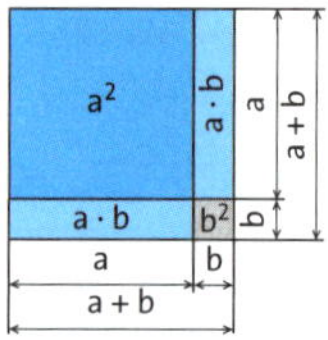

- $(a + b)^2 = a^2 + 2ab + b^2$
- $(a - b)^2 = a^2 - 2ab + b^2$

$(2x + 3y)^2 = 4x^2 + 12xy + 9y^2$

$(3z - 4u)^2$
$= 9z^2 - 24zu + 16u^2$

- $(a + b)(a - b) = a^2 - b^2$

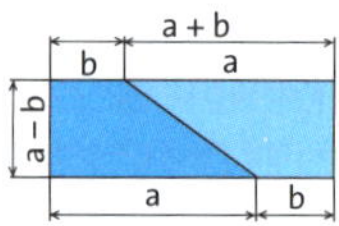

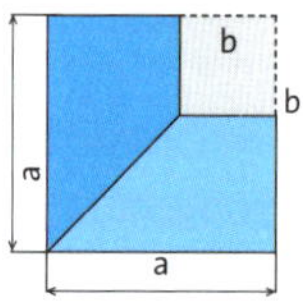

$(5n + 6m)(5n - 6m)$
$= 25n^2 - 36m^2$

$(a + b)^3 = a^3 + 3a^2b + 3ab^2 + b^3$

$(a + b)^4 = a^4 + 4a^3b + 6a^2b^2 + 4ab^3 + b^4$

$(a + b)^5 = a^5 + 5a^4b + 10a^3b^2 + 10a^2b^3 + 5ab^4 + b^5$

Pascalsches Dreieck

Jede Zeile beginnt und endet mit 1. In die Lücken wird immer die Summe der beiden darüberstehenden Zahlen geschrieben. Die Summe einer Zahlenreihe ergibt 2^n.

n									
0					1				
1				1		1			
2			1		2		1		
3		1		3		3		1	
4	1		4		6		4		1

$2^3 = 8$

Begriffe der Gleichungslehre

Eine **Gleichung** ist ein mathematischer Ausdruck für zwei Terme, die durch „=“ verbunden sind.
Bei einer **Ungleichung** sind zwei Terme durch eines der Zeichen „≠“, „<“, „>“, „≤“, „≥“ verbunden.

$4a + 8 = 34$
$3x - 4y = 5z + 8$
$0{,}8a - 6 = 2a - 12$

$43 < 41 + 8$
$4n + 3n \neq 5n$
$2a - 3b \geq 36 + 7a$
$3x^2 + 7 > 3x^3$

Gleichungen und Ungleichungen ohne Variablen sind **wahre** oder **falsche Aussagen.**
Gleichungen und Ungleichungen mit mindestens einer Variablen werden zu Aussagen, wenn für *alle* Variablen Werte aus dem jeweiligen Grundbereich eingesetzt werden.

wahre Aussage:
$3 \cdot 25 = 75$; $8 \cdot 6 > 45$
falsche Aussage:
$4 \cdot 12 = 412$; $3 \cdot 33 < 98$

$4x - 6 = 2$
für $x = 2$: wahre Aussage
für $x = 7$: falsche Aussage

Lösen von Gleichungen und Ungleichungen

Jede Zahl oder Größe aus dem Grundbereich, die die Gleichung/Ungleichung erfüllt, heißt **Lösung.** Alle Lösungen zusammen bilden die **Lösungsmenge** L.
Aufgepasst: Die Lösungsmenge ist abhängig vom Grundbereich.

L
- kein Element: $L = \{\} = \emptyset$
- genau ein Element
- endlich viele Elemente
- unendlich viele Elemente

$3x + 8 \leq 17$
$G = \mathbb{N}$; $L = \{3; 2; 1; 0\}$
$G = \mathbb{Z}$; $L = \{3; 2; 1; 0; -1; \ldots\}$
$G = \mathbb{R}$; $L = \{x \in \mathbb{R}; x \leq 3\}$

Nach Ermittlung einer Lösung kann man durch Einsetzen in die Ausgangsgleichung eine **Probe** durchführen.

$12x + 14 = 15x + 5$
$L = \{3\}$
$12 \cdot 3 + 14 = 36 + 14 = 50$
$15 \cdot 3 + 5 = 45 + 5 = 50$
Vergleich: $50 = 50$

Inhaltliche Lösungsstrategien:
- einfache Überlegungen ohne Anwendung formaler Regeln
- Einsetzen verschiedener Zahlen und systematisches Probieren
- Rückwärtsschließen durch schrittweise Anwendung der Umkehroperationen
- Veranschaulichen durch Skizzen und Symbole etc.

$8x - 10 = 6x + 2$ $(x \in \mathbb{N})$

x	Aussage	
1	$-2 = 8$	falsch
10	$70 = 62$	falsch
6	$38 = 38$	wahr

Äquivalentes Umformen

Äquivalenz

Gleichungen bzw. Ungleichungen mit demselben Grundbereich und gleicher Lösungsmenge heißen zueinander **äquivalent.** **Äquivalente Umformungen** führen zu äquivalenten Gleichungen.

$5x - 3 = x + 7 \ (G = \mathbb{R})$
$x + 0{,}5 = 3 \ (G = \mathbb{R})$

Für beide Gleichungen gilt:
$L = \{2{,}5\}$.

Umformungsregeln

Umformungen auf *beiden* Seiten einer **Gleichung:**

- Seiten vertauschen

$22 = x \qquad x = 22$

- Addition bzw. Subtraktion der gleichen Zahl (Term)

$$\begin{aligned} 4x + 3 &= 27 \quad &| -3 \\ 4x &= 24 \end{aligned}$$

- Division mit der gleichen Zahl (ungleich 0)

$$\begin{aligned} 4x &= 24 \quad &| :4 \\ x &= 6 \end{aligned}$$

- Multiplikation mit der gleichen (von 0 verschiedenen) Zahl (Term)

$$\begin{aligned} \tfrac{c}{5} &= 4{,}5 \quad &| \cdot 5 \\ c &= 22{,}5 \end{aligned}$$

Umformungen auf *beiden* Seiten einer **Ungleichung:**

- Seiten vertauschen (mit Umkehrung des Relationszeichens)

$$\begin{aligned} 17 &\leq x \\ x &\geq 17 \end{aligned}$$

Umformungsregeln

- Addition bzw. Subtraktion der gleichen Zahl (Term)

$2x - 8 > 16x \mid -2x$
$-8 > 14x$

- Multiplikation mit der gleichen **positiven** (von 0 verschiedenen) Zahl (Term)

$\frac{a}{3} < -4{,}2 \mid \cdot 3$
$a < -12{,}6$

- Division mit der gleichen **positiven** (von 0 verschiedenen) Zahl (Term)

$7x < 35 \mid : 7$
$x < 5$

- Multiplikation bzw. Division mit der gleichen **negativen** Zahl (Term) (mit Umkehrung des Relationszeichens)

$\frac{c}{-5} > -9 \mid \cdot (-5)$
$c < 45$

Aufgepasst: Quadrieren, Potenzieren und Radizieren sind keine äquivalenten Umformungen.

Umformungen nur auf *einer* Seite einer Gleichung bzw. Ungleichung:

- Auflösen von Klammern
- Ordnen
- Zusammenfassen

$$\begin{aligned} 3(x - 5) + 4(3 - x) &= -7 \\ 3x - 15 + 12 - 4x &= -7 \\ 3x - 4x - 15 + 12 &= -7 \\ -x - 3 &= -7 \\ x &= 4 \end{aligned}$$

- Kürzen von Brüchen
- Erweitern von Brüchen
- Ausklammern

$$\begin{aligned} x^2 + 8x + 16 &= 3x + 12 \\ (x + 4)^2 &= 3(x + 4) \end{aligned}$$

Lineare Gleichungen

Lineare Gleichungen mit einer Variablen

Das sind Gleichungen in der Form $ax + b = 0$ ($a \neq 0$). Lösungsmöglichkeiten sind:

- Anwenden der Umformungsregeln **(kalkülmäßiges Lösen)** (1)
- Durchführen von **Fallunterscheidungen** (2)
- **Grafisches Lösen,** indem eine lineare Gleichung $ax + b = 0$ in eine Funktion $y = ax + b$ (↑ S. 54) umgewandelt wird (3)

(1) $14x - (-3 + 3x)$

$= 2(9 + 4x) - 3$

$14x + 3 - 3x = 18 + 8x - 3$

$11x + 3 = 8x + 15 \quad | -8x; -3$

$3x = 12 \quad | :3$

$x = 4$

(2) $|2x + 3| = 4$

1. Fall:	2. Fall:
$2x + 3 = 4$	$2x + 3 = -4$
$x = 0{,}5$	$x = -3{,}5$

(3)

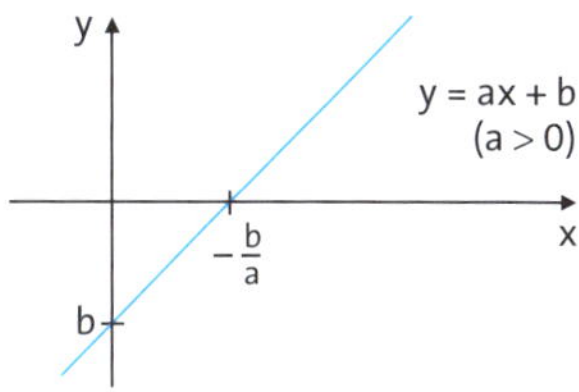

Eine Gleichung in der Form $\frac{a}{b} = \frac{c}{d}$ (a, b, c, d ≠ 0) heißt **Verhältnisgleichung** oder **Proportion** (↑ S. 21).
In jeder Verhältnisgleichung $a : b = c : d$ ist das Produkt der Innenglieder gleich dem Produkt der Außenglieder.

Außenglied — Innenglied

$a : b = c : d$

Innenglied — Außenglied

$\frac{a}{b} = \frac{c}{d}$

$a = \frac{c \cdot b}{d}$

$a \cdot d = b \cdot c$

Aufgabe

Tom macht Urlaub auf dem Bauernhof. Dort gibt es viermal so viele Enten wie Pferde, aber nur halb so viele Schafe wie Pferde. Insgesamt sind es 66 Tiere.
Wie viele Tiere jeder Art leben auf dem Bauernhof?

Aufgabenanalyse

Was ist gegeben?
Was ist gesucht?
In welcher Beziehung stehen die Größen zueinander?

e: Zahl der Enten
p: Zahl der Pferde
s: Zahl der Schafe
t: Summe aller Tiere

Gegeben: $t = e + p + s = 66$

$e = 4p$

$s = \frac{1}{2}p$

Gesucht: e; p; s

Ansatz

$t = e + p + s = 66$

Einsetzen:

$t = 4p + p + \frac{1}{2}p = 66$

$5\frac{1}{2}p = 66$

$p = 12$

Ausrechnen

$p = 12$

$e = 4p = 4 \cdot 12 = 48$

$s = \frac{1}{2}p = 0{,}5 \cdot 12 = 6$

Probe

$e + p + s = 48 + 12 + 6 = 66$

$t \quad = 66$

$66 = 66$

Lösung

Auf dem Bauernhof leben 48 Enten, 12 Pferde und 6 Schafe.

Tipps zum richtigen Lesen von Textaufgaben

- Umschreibungen für **addieren:** zusammenfassen, dazugeben, hinzufügen, vermehren, verlängern, einnehmen
- Umschreibungen für **subtrahieren:** wegnehmen, vermindern, abziehen, verringern, verkleinern, ausgeben, weniger als
- Umschreibungen für **multiplizieren:** x-Faches, x-mal so viel, Doppeltes, Dreifaches, Vielfaches, malnehmen
- Umschreibungen für **dividieren:** x-te Teil, teilen, geteilt durch, halbieren, vierteln

Beispiele

Das 7-Fache einer natürlichen Zahl vermehrt um 11 ergibt 46.

$$7 \cdot n + 11 = 46$$

$7n + 11 = 46$

$7n = 35 \Rightarrow n = 5$

Das 3-Fache einer Zahl vermindert um 8 soll kleiner sein als 7.

$$3 \cdot x - 8 < 7$$

$3x - 8 < 7$

Probieren: $3 \cdot 8 - 8 < 7$ $\quad 16 < 7$ falsche Aussage

$3 \cdot 4 - 8 < 7$ $\quad 4 < 7$ wahre Aussage

Berechnen: $3 \cdot x - 8 < 7$ $\quad 3x < 15$ $\quad x < 5$

Alle Zahlen, die kleiner sind als 5, erfüllen die Ungleichung.

Maria ist doppelt so alt wie Jenny.	$M = 2 \cdot J$
Chris ist 4 cm kleiner als Paul.	$C = P - 4$
Der Umfang eines Rechtecks ist 18 cm.	$18 = 2a + 2b$
Der Flächeninhalt des Quadrats ist 16 cm².	$16 = a \cdot a = a^2$
Eric bekommt den 3. Teil gegenüber Jan.	$E = J : 3$

Lineare Gleichungen mit zwei Variablen

Das sind Gleichungen in der Form $ax + by + c = 0$ $(a, b \neq 0)$.

Die Lösungsmengen solcher Gleichungen bestehen aus Mengen von Zahlenpaaren.
Die grafische Veranschaulichung findet man, wenn man die Gleichung als lineare Funktion auffasst.

$5x + 10y = 30$
$(x, y \in \mathbb{N}; x, y \geq 0)$

$$y = -\frac{1}{2}x + 3$$

$L = \{(0; 3), (2; 2), (4; 1), (6; 0)\}$

x	0	2	4	6
y	3	2	1	0

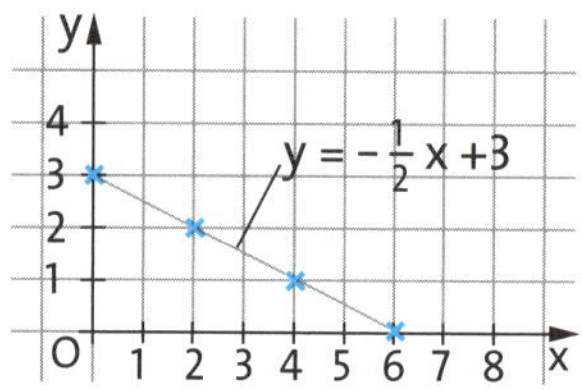

Lineare Ungleichungen

Lineare Ungleichungen mit einer Variablen

Das sind Ungleichungen der Form $ax + b < 0$ $(a \neq 0)$. In Abhängigkeit vom Grundbereich G ist die Lösungsmenge unterschiedlich. Die Lösungsmengen lassen sich auf der Zahlengeraden veranschaulichen.

$13x - 7 < 8x + 8$
$5x < 15$ $\quad$ $5x - 15 < 0$
$x < 3$
$G = \mathbb{N}; L = \{2; 1; 0\}$

$G = \mathbb{Z}; L = \{2; 1; 0; -1; -2; \ldots\}$

$G = \mathbb{R}; L = \{x \in \mathbb{R}; x < 3\}$

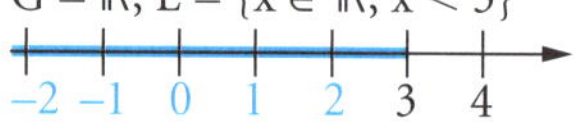

Lineare Ungleichungen mit zwei Variablen

Das sind Ungleichungen der Form $ax + by + c < 0$ $(a, b \neq 0)$.
Die Lösungsmengen solcher Ungleichungen bestehen aus Mengen von Zahlenpaaren.

$2x + y \leq 3 \quad (x, y \in \mathbb{N})$
$2x + y - 3 \leq 0$

$L = \{(0; 0), (0; 1), (0; 2), (0; 3), (1; 0), (1; 1)\}$

Lassen sich die Paare nicht durch eine Aufzählung angeben, kann eine Ungleichung grafisch gelöst werden.

$4x - 2y < 6 \quad (x, y \in \mathbb{R})$

- Dazu wird die Ungleichung nach einer oder beiden Variablen aufgelöst.

$y > 2x - 3$

- Die Zahlen für eine der Variablen werden durch Einsetzen von Zahlen für die andere Variable ermittelt.

für $x = 2$:
$y > 2 \cdot 2 - 3$
$y > 1$

- Die Darstellung der Funktion im Koordinatensystem ergibt eine Gerade.
- Alle oberhalb oder unterhalb der Geraden liegenden Punkte haben Koordinaten, die als Paare die Ungleichung erfüllen.

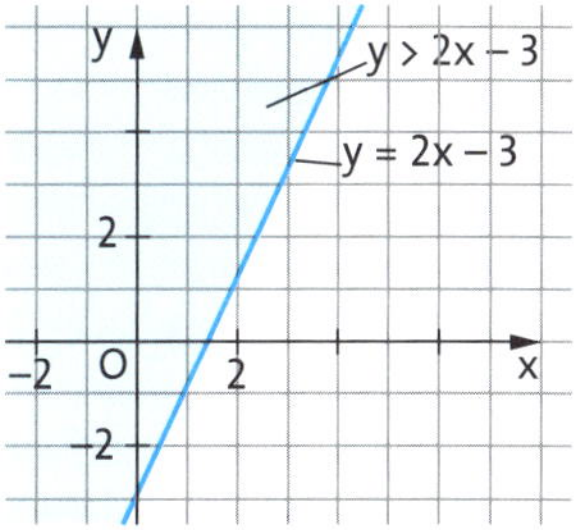

Die Gerade gehört nicht zur Lösung der Ungleichung.

Normalform

I $a_1x + b_1y = c_1$
II $a_2x + b_2y = c_2$
$a_1, b_1, c_1, a_2, b_2, c_2$ konstant $\in \mathbb{R}$

Einsetzungsverfahren

Beim **Einsetzungsverfahren (Substitutionsverfahren)** löst man eine der beiden Gleichungen nach einer der beiden Variablen auf und setzt den so erhaltenen Term für diese Variable in die andere Gleichung ein. Das Einsetzungsverfahren ist dann vorteilhaft, wenn (wenigstens) eine der beiden Gleichungen nach einer der beiden Variablen aufgelöst ist.

Gleichsetzungsverfahren

Das **Gleichsetzungsverfahren** ist ein Spezialfall des Einsetzungsverfahrens. Man löst beide Gleichungen nach derselben Variablen auf und setzt die beiden erhaltenen Terme gleich. Das Gleichsetzungsverfahren ist immer dann sinnvoll, wenn beide Gleichungen nach einer Variablen aufgelöst vorliegen.

Additionsverfahren

Beim **Additionsverfahren** formt man eine oder beide Gleichungen so um, dass bei der Addition der beiden Gleichungen eine der beiden Variablen wegfällt. Das Additionsverfahren ist immer dann zweckmäßig, wenn die Koeffizienten einer Variablen in beiden Gleichungen zu einander entgegengesetzte Zahlen sind.

Lösungsverfahren

Ziel: Eliminieren einer der beiden Variablen. Damit wird aus dem System **„zwei Gleichungen mit zwei Variablen"** ein System mit **„einer Gleichung und einer Variablen".**

I $y = -x + 2$

II $4x + 3y = 2$

einsetzen

I in **II** einsetzen: $4x + 3y = 2$ $\quad y = -x + 2$

$4x + 3(-x + 2) = 2$

$4x - 3x + 6 = 2$ $\quad y = -(-4) + 2$

$x = -4$ $\quad y = 6$

$L = \{(-4\,;6)\}$

I $3x = 10 - 5y$

II $3x = -2y + 13$

I und **II** gleichsetzen:		$y = -1$ in **I** einsetzen:	
$10 - 5y = -2y + 13$	$\vert +2y$	$3x = 10 - 5 \cdot (-1)$	
$10 - 3y = 13$	$\vert -10$	$3x = 15$	$\vert :3$
$-3y = 3$	$\vert :(-3)$	$x = 5$	
$y = -1$		$L = \{(5\,;-1)\}$	

I $8x + 5y = 51$

II $3x - 5y = 26$

I + II: $11x = 77$ $\quad \vert :11$

$x = 7$

In **I** einsetzen:

$8 \cdot 7 + 5y = 51$

$y = -1$

$L = \{(7;-1)\}$

3

Lineare Gleichungssysteme

Dies sind Systeme aus zwei linearen Gleichungen mit zwei Variablen (↑ S. 40).

I $a_1x + b_1y = c_1$
II $a_2x + b_2y = c_2$
$(a_1, b_1, c_1, a_2, b_2, c_2 \in \mathbb{R})$

Lösen von linearen Gleichungssystemen

Lösungen dieses Systems sind Zahlenpaare, die jede dieser Gleichungen erfüllen. Die Gesamtheit aller Lösungen bildet die Lösungsmenge.

I $y = -x + 2$
II $4x + 3y = 2$
$x = -4; y = 6$

$L = \{(-4; 6)\}$

Lösbarkeitsbedingungen für ein Gleichungssystem:

- genau eine Lösung, wenn $\frac{a_1}{a_2} \neq \frac{b_1}{b_2}$

I $2x + 4y = 20$
II $3x - 4y = 50$
$L = \{(14; -2)\}$
Es gilt: $\frac{2}{3} \neq \frac{4}{-4}$

- unendlich viele Lösungen, wenn $\frac{a_1}{a_2} = \frac{b_1}{b_2} = \frac{c_1}{c_2}$

I $2x + 4y = 20$
II $3x + 6y = 30$
$L = \{(x; y): y = -\frac{1}{2}x + 5\}$
Es gilt: $\frac{2}{3} = \frac{4}{6} = \frac{20}{30}$

- keine Lösung, wenn $\frac{a_1}{a_2} = \frac{b_1}{b_2} \neq \frac{c_1}{c_2}$

I $2x + 4y = 20$
II $3x + 6y = 40$
$L = \{\ \}$
Es gilt: $\frac{2}{3} = \frac{4}{6} \neq \frac{20}{40}$

Quadratische Gleichungen

Die Gleichung
$ax^2 + bx + c = 0 \quad (a \neq 0)$
heißt **allgemeine Form der quadratischen Gleichung.**
Nach der Division durch a ($a \neq 0$) folgt:

$$x^2 + \frac{b}{a}x + \frac{c}{a} = 0$$

$5x^2 + 20x - 15 = 0$
$x^2 + 4x - 3 = 0$

quadratisches Glied

$$x^2 + \frac{b}{a}x + \frac{c}{a} = 0$$

lineares Glied **absolutes Glied**

Koeffizienten vereinfachen:
$\frac{b}{a} = p$ und $\frac{c}{a} = q$.
Die Gleichung
$x^2 + px + q = 0$
heißt **Normalform der quadratischen Gleichung.**

$x^2 + 4x - 3 = 0 \quad p = 4; q = -3$
$3x^2 - 24x + 15 = 0$
$p = -\frac{24}{3} = -8$
$q = \frac{15}{3} = 5$

Lösungsformel

Die **Lösungsformel** für die Normalform lautet:

$$x_{1,2} = -\frac{p}{2} \pm \sqrt{\left(\frac{p}{2}\right)^2 - q}$$

$x^2 - 6x + 5 = 0 \quad p = -6; q = 5$
$x_{1,2} = 3 \pm \sqrt{9 - 5}$
$= 3 \pm 2$
$x_1 = 1; x_2 = 5 \qquad L = \{1; 5\}$

Spezielle quadratische Gleichungen

- Die Gleichung $x^2 = 0$ hat die Doppellösung $x_1 = x_2 = 0$.
- Die Gleichung $x^2 + px = 0$ hat die Lösungsmenge $L = \{0; -p\}$.

$x^2 = 0 \qquad L = \{0\}$

$x^2 - 8x = 0 \qquad x(x - 8) = 0$
$x = 0$ oder $x - 8 = 0$
$x_1 = 0$ und $x_2 = 8 \quad L = \{0; 8\}$

Spezielle quadratische Gleichungen

- Die Gleichung $x^2 + q = 0$ $(q < 0)$ hat die Lösungsmenge $L = \{-\sqrt{|q|}; \sqrt{|q|}\}$.

$x^2 - 25 = 0$
$(x + 5)(x - 5) = 0$
$x_1 = -5 \quad x_2 = 5$
$L = \{-5; 5\}$

Diskriminante

Sie gibt Aufschluss über die Lösungen einer quadratischen Gleichung. Diskriminante der

Die Lösung einer quadratischen Gleichung hängt vom Radikanden in der Lösungs formel, $(\frac{p}{2})^2 - q$, ab.

- allgemeinen Form: $D = b^2 - 4ac$

$2x^2 - 4x + 6 = 0$
$D = 4^2 - 4 \cdot 2 \cdot 6 = 16 - 24$
$= -8$

- Normalform: $D = \frac{p^2}{4} - q = (\frac{p}{2})^2 - q$

$x^2 - 2x + 3 = 0$
$D = (-1)^2 - 3 = -2$

Es sind drei Lösungsfälle zu unterscheiden $(x \in \mathbb{R})$:

(1) $D > 0 \Rightarrow L = \{x_1; x_2\}$

(1) $x^2 + 8x + 15 = 0$
$D = 1; x_1 = -3; x_2 = -5$
$L = \{-3; -5\}$

(2) $D = 0 \Rightarrow L = \{x_1\} = \{x_2\}$

(2) $x^2 + 2x + 1 = 0$
$D = 0; x_{1,2} = -1$
$L = \{-1\}$

(3) $D < 0 \Rightarrow L = \{\,\}$

(3) $x^2 + 2x + 2 = 0$
D = keine reelle Zahl
$L = \{\,\}$; keine reelle Lösung

Satz von Vieta

$x_1 + x_2 = -p$ und $x_1 \cdot x_2 = q$
Anwendungen: u. a. Probe bei bekannten Lösungen

$x^2 - 12x + 32 = 0$
$x_1 = 4 \quad x_2 = 8$
$x_1 \cdot x_2 = q$
$x_2 = \frac{q}{x_1} = \frac{32}{4} = 8$

Bruchgleichungen und Bruchungleichungen

Bruchterm: Term, dessen Nenner eine Variable enthält.

$\frac{15}{2-x}$; $\frac{-2a}{6\,(b+3)}$

Bruchgleichungen bzw. **Bruchungleichungen** enthalten mindestens einen Bruchterm.

$\frac{36}{4+x} = 6$; $\frac{a+5}{2a} = 4$

$\frac{18}{2-x} < 9$; $\frac{x+3}{x-2} > 0$

In Bruchterme dürfen nur solche Zahlen oder Größen für die Variablen eingesetzt werden, für die der Wert des Terms im Nenner ungleich 0 ist. Diese Einsetzungen sind die **Definitionsmenge D** des Bruchterms.

$\frac{3}{6-x}\ (x \in \mathbb{Q})$

Für $x = 6$ wird der Nenner gleich null, also gilt: $D = \mathbb{Q}\setminus\{6\}$.

Lösen von Bruchgleichungen

Schrittweises Lösen:

- beide Seiten der Gleichung mit dem Hauptnenner multiplizieren,
- auf beiden Seiten die Brüche kürzen,

$$\frac{5}{2x} - \frac{3}{4x} = 1{,}75 \quad (x \in \mathbb{Q};\ x \neq 0)$$

$$\frac{5}{2x} - \frac{3}{4x} = 1{,}75 \qquad |\cdot 4x$$

$$\frac{5\cdot \overset{2}{\cancel{4x}}}{\underset{1}{\cancel{2x}}} - \frac{3\cdot \overset{1}{\cancel{4x}}}{\underset{1}{\cancel{4x}}} = 1{,}75\cdot 4x$$

$$5\cdot 2 - 3 = 7x$$

Lösen von Bruchgleichungen

- Neue Gleichung mit den bekannten Umformungsschritten lösen,
- prüfen, ob die Lösung der neuen Gleichung auch zur Definitionsmenge der Bruchgleichung gehört.

$7 = 7x \quad |:7$
$1 = x$
$L = \{1\}$

Der Wert für x gehört zur Definitionsmenge.

Algebraische Gleichungen höheren Grades

Eine Gleichung der Form $a_n x^n + a_{n-1}x^{n-1} + ... + a_1 x + a_0 = 0$ mit $a_n \neq 0$ heißt **algebraische Gleichung n-ten Grades.**
Der Grad der Gleichung ist gleich dem *größten* Exponenten der Variablen.

a_0 = konstantes Glied
$a_1 x$ = lineares Glied
$a_2 x^2$ = quadratisches Glied
$a_3 x^3$ = kubisches Glied

$6x^4 - 3x^3 + x^2 - 2 = 0$
Gleichung vierten Grades

Kubische Gleichungen

Eine Gleichung der Form $Ax^3 + Bx^2 + Cx + D = 0$ $(A \neq 0)$ heißt kubische Gleichung oder Gleichung dritten Grades.
Nach Division durch A hat sie die Form $x^3 + ax^2 + bx + c = 0$.

$\frac{x^3}{3} + 2x^2 - 6x + 10 = 0$

$4x^3 - 24x^2 + 12x - 32 = 0 \quad |:4$
$x^3 - 6x^2 + 3x - 8 = 0$

Polynomdivision

Ein quadratisches Polynom der Form $x^2 + px + q$ kann bei Kenntnis der reellen Nullstellen x_1 und x_2 in der Form eines Produkts geschrieben werden.

$$x^2 + px + q = (x - x_1)(x - x_2)$$

$$(x^2 + px + q):(x - x_1) = x - x_2$$
$$(x^2 + px + q):(x - x_2) = x - x_1$$

Ein Polynom n-ten Grades mit $a_n = 1$, das die Nullstelle x_1 besitzt, lässt sich ohne Rest durch $(x - x_1)$ teilen. Der Quotient ist vom Grad $n - 1$.

$$(x^n + a_{n-1}x^{n-1} + \ldots + a_1x + a_0):(x - x_1) = b_{n-1}x^{n-1} + b_{n-2}x^{n-2} + \ldots + b_1x + b_0$$

Wurzel-, Exponential- und Logarithmengleichungen

Eine Gleichung mit Variable im Radikanten heißt **Wurzelgleichung.**

$$\sqrt{x + 8} = 1$$
$$\sqrt[3]{x + 2} = 2$$
$$\sqrt{x + \sqrt{x + 1}} = 5$$

Eine Gleichung mit Variable im Exponenten heißt **Exponentialgleichung.**

$$2^x = 16$$
$$1{,}1^{\frac{1}{2} \cdot x^2} = 3$$
$$1{,}8^x = 2$$

Eine Gleichung heißt **Logarithmengleichung,** wenn die Variable im Argument der Logarithmusfunktion auftritt.

$$2\lg x = 16$$
$$\log_5\left(\frac{3}{x}\right) = 5$$

Lösen von Wurzelgleichungen

Rechnerisch lassen sich Wurzeln durch Quadrieren/Potenzieren beseitigen.

$\sqrt[3]{x+1} = 4 \quad |\text{ hoch } 3$
$x + 1 = 64 \quad | -1$
$x_1 = 63$

Bei der *grafischen Lösung* werden beide Seiten der Wurzelgleichung als Funktionsgleichungen y_1 und y_2 geschrieben. Die Abszisse des Schnittpunktes der entsprechenden Funktionsgraphen liefert dann näherungsweise eine Lösung der Wurzelgleichung.

$\sqrt[3]{x-1} + x - 2 = 0 \quad | -x; +2$
$\sqrt[3]{x-1} = -x + 2$

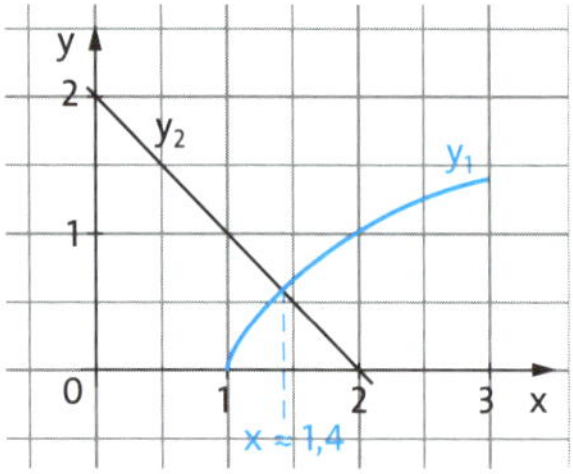

Lösung $x \approx 1{,}4$

Lösen von Exponentialgleichungen

Rechnerisch lassen sich Exponentialgleichungen unter Anwendung der **Potenzgesetze** oder durch **Logarithmieren** lösen.

Beim *Exponentenvergleich* werden Exponentialgleichungen auf einen Vergleich von Potenzen mit gleicher Basis zurückgeführt.

Vergleich:

(1) $64^x = 4^6$
$(4^3)^x = 4^6$
$4^{3x} = 4^6$
$\Rightarrow 3x = 6$
$x = 2$

(2) $5^x = \sqrt[3]{5^2}$
$5^x = 5^{\frac{2}{3}}$
$\Rightarrow x = \frac{2}{3}$

Allgemeine Schrittfolge beim **Logarithmieren:**

$$a^x = b$$
$$\lg a^x = \lg b$$
$$x \cdot \lg a = \lg b$$
$$x = \frac{\lg b}{\lg a}$$

$$2^x = 18$$
$$\lg 2^x = \lg 18$$
$$x \cdot \lg 2 = \lg 18$$
$$x = \frac{\lg 18}{\lg 2}$$
$$x \approx 4{,}17$$

Das *grafische Lösen* bietet sich dann an, wenn die Variable nicht nur im Exponenten vorkommt, also keine reine Exponentialgleichung vorliegt.

$$2^x + x^2 - 2 = 0 \qquad | -x^2; +2$$
$$2^x = -x^2 + 2$$

$y_1 = 2^x$ $\qquad y_2 = -x^2 + 2$

$x_1 \approx -1{,}25$ $\qquad x_2 \approx 0{,}6$

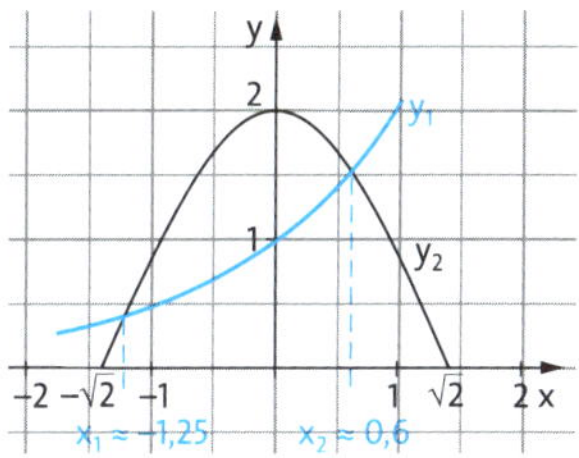

Trigonometrische Gleichungen

Das sind Gleichungen, in denen die Variable im Argument von Winkelfunktionen (↑ S. 64) vorkommt.

$\sin y = 0{,}75$
$\tan x = 1{,}24$
$\cos z = 0{,}5$

Bei der **Lösung** trigonometrischer Gleichungen wird der Winkel x im Grad- oder Bogenmaß bestimmt, der die Gleichung erfüllt.

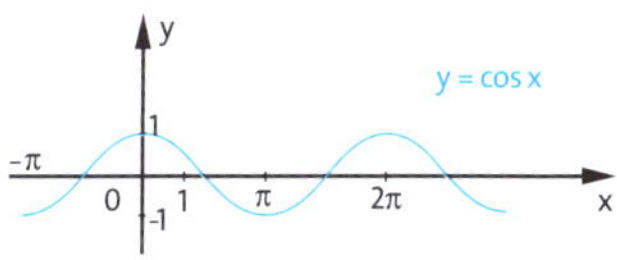

4 Funktionen

Grundbegriffe und Eigenschaften

Eine **Funktion** f ist eine eindeutige Zuordnung (Abbildung), die jedem Element x aus einer Menge D, **Definitionsbereich,** eindeutig ein Element y aus einer Menge W, **Wertebereich,** zuordnet. Die Elemente x, y sind eine Menge geordneter Paare, x nennt man **Argument,** das zugeordnete Element y aus W heißt **Funktionswert** von x und wird mit f(x) bezeichnet.

$y = f(x) = x^2$

$x \in D$ (Definitionsbereich)

$y \in W$ (Wertebereich)

Ergebnis einer Klassenarbeit:

Zensur	1	2	3	4	5	6
Anzahl	3	7	12	4	3	1

Es gilt: $D = \{1; 2; 3; 4; 5; 6\}$
$W = \{1; 3; 4; 7; 12\}$

Funktionen werden durch eine **Zuordnungsvorschrift** und die Angabe des Definitions- bzw. Wertebereichs beschrieben. Schreibweisen:

- $f: x \rightarrow y;\ x \in D;\ y \in W$
- $f: x \rightarrow f(x);\ x \in D;\ y \in W$
- $y = f(x)$ (Funktionsgleichung)
- $\{(x; y): x \in D \text{ und } y \in W\}$

Jeder reellen Zahl wird ihr Quadrat zugeordnet.
Es gilt: $D = \mathbb{R}$; $W = [0, +\infty[$.

$f: x \rightarrow x^2$, also $y = x^2$
Dies ist eine eindeutige Zuordnung, also eine Funktion.

gesprochen: Menge der geordneten Paare x, y mit x aus D und y aus W

Darstellungen von Funktionen

Darstellung mithilfe einer **Wortvorschrift**

Jeder positiven Zahl wird ihr doppelter Wert zugeordnet.

Darstellung mithilfe einer **Funktionsgleichung**

$f(x) = 2x$
$D = [0, +\infty[$
$W = [0, +\infty[$

Darstellung mithilfe einer **Wertetabelle**

x	0	1	2	3	4	…
f(x)	0	2	4	6	8	…

Grafische Darstellung: Funktionsgraphen werden meist im **kartesischen Koordinatensystem** dargestellt.
Ein Punkt ist darin durch seine **Koordinaten** (Abstände zu den Achsen) eindeutig festgelegt.
Die Abstände heißen **Abszisse (x-Wert)** und **Ordinate (y-Wert).** Die Achsen bezeichnet man als **x-Achse** (Abszissenachse, Rechtsachse) bzw. **y-Achse** (Ordinatenachse, Hochachse). Die Achsen schneiden einander im **Koordinatenursprung** O, mit den Koordinaten (0; 0).

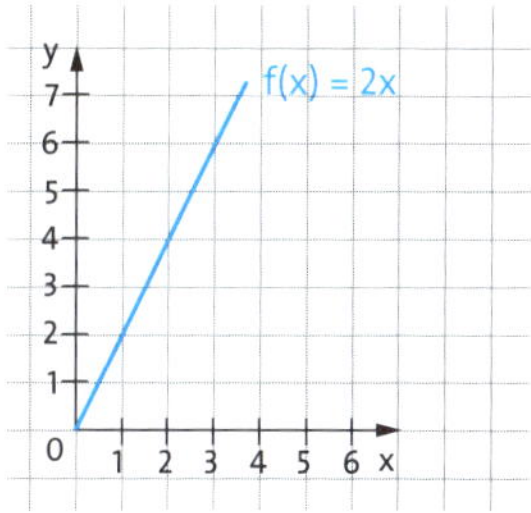

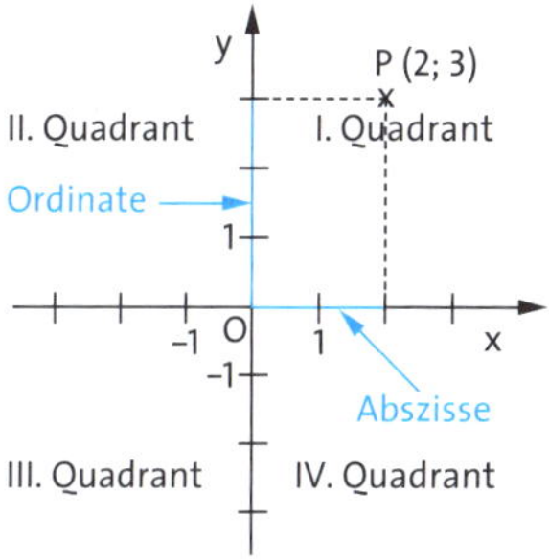

4

Zuordnung

Werden zwei Größenbereiche in Beziehung gesetzt, so entstehen Zuordnungen (↑ S. 20).

Name	Frank	Maria	Sophie	Olaf	Peter	Paul
Größe	1,70 m	1,64 m	1,68 m	1,70 m	1,68 m	1,72 m

Proportionale Zuordnungen

Eine Zuordnung heißt **direkte Proportionalität,** wenn zwei veränderliche Größen x und y immer den gleichen Quotienten k haben, also gilt:

$\frac{y}{x} = k$, d.h., $y = k \cdot x$. Man schreibt dann:

$y \sim x$ (gesprochen: y ist proportional zu x).

Ein Wasserhahn tropft. Mit zunehmender Zeit steigt der Wasserverlust.

Zeit x in h	1	2	3	4	5	6
Wasser y in ml	250	500	750	1000	1250	1500

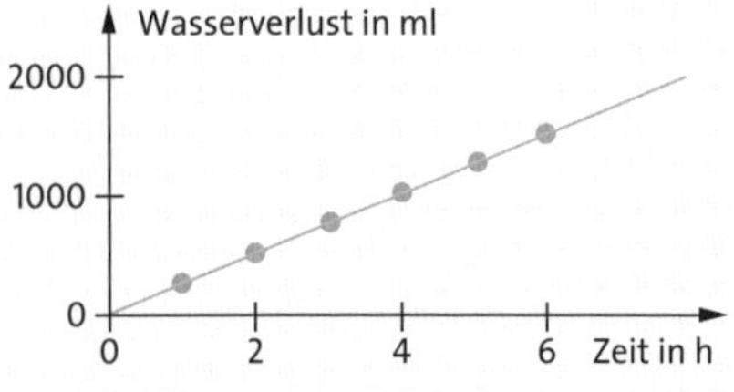

Direkte Proportionalität

Faustregel: „Je mehr – desto mehr“ (im gleichen Verhältnis)

Vier Schüler wollen von der Schule ins Kino fahren:

Nehmen sie den Bus, zahlt jeder Schüler 2 €. Insgesamt kostet die Fahrt 8 €.

Je mehr mitfahren, desto höher wird der Gesamtpreis.

Indirekt proportionale Zuordnungen

Eine Zuordnung heißt **indirekte Proportionalität** (umgekehrte Proportionalität), wenn zwei veränderliche Größen x und y immer das gleiche Produkt k haben, also gilt:

$y \cdot x = k$, d.h., $y = k \cdot \frac{1}{x}$.

Man schreibt dann:

$y \sim \frac{1}{x}$ (gesprochen: y ist indirekt proportional zu x).

Je mehr Lottospieler in einer Tippgemeinschaft zusammen spielen, desto kleiner ist der Gewinn für jeden.

Zahl der Spieler	1	2	4	5	6
Gewinn in €	24 000	12 000	6 000	4 800	4 000

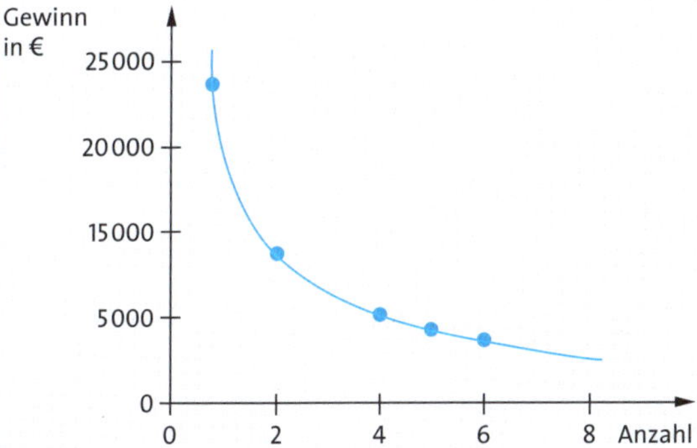

Indirekte Proportionalität

Faustregel: „Je mehr – desto weniger“ (im umgekehrten Verhältnis)

Vier Schüler wollen von der Schule ins Kino fahren:

Nehmen sie das Taxi, zahlen sie zusammen 10 €. Der Einzelpreis beträgt 2,50 €.

Je mehr mitfahren, desto geringer der Einzelfahrpreis.

Lineare Funktionen

Dies sind Funktionen mit einer Gleichung der Form y = m · x + n (m; n ∈ ℝ). m und n sind **Parameter.**

$y = \frac{1}{2}x + 1$

Wertetabelle:

x	–2	0	2	4
y	0	1	2	3

Funktionen der Form y = n, d. h., y = mx + n mit m = 0, heißen **konstante Funktionen.** Der Graph ist eine Parallele zur x-Achse im Abstand n.

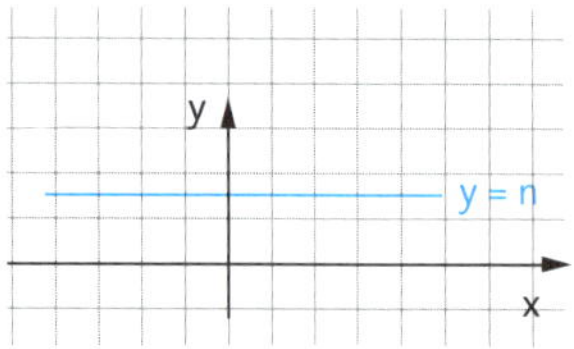

Für y = m · x (m ≠ 0) gilt:

- Der Graph ist eine Gerade durch den Koordinatenursprung (1).
- m gibt den **Anstieg,** die Steigung der Funktion, an.

Für y = mx + n (m, n ≠ 0) gilt:

- Der Graph ist eine Gerade (2).
- n **(absolutes Glied)** gibt den Schnittpunkt mit der y-Achse an.
- Bei gleichem Anstieg m und unterschiedlichen n sind die Graphen zueinander parallele Geraden (2), (3).

(1) y = 0,5 · x
(2) y = 0,5 · x + 2
(3) y = 0,5 · x – 2

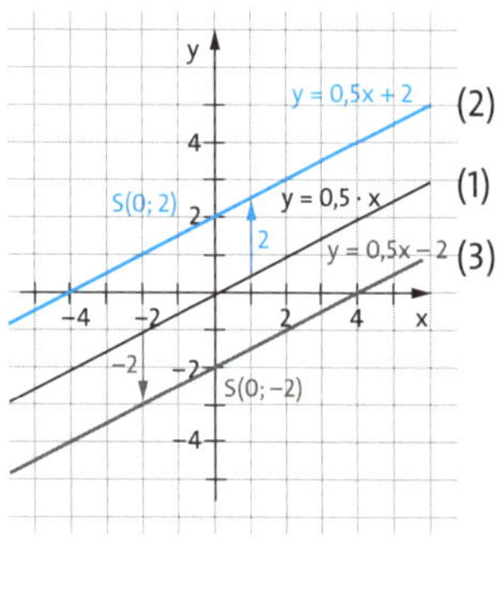

Zeichnen der Graphen

$y = m \cdot x$ ($m \neq 0$):
- Der erste Punkt ist der Koordinatenursprung.
- Für den zweiten Punkt wird die Funktionsgleichung für einen Wert berechnet oder der Anstieg m genutzt.

Das eingezeichnete rechtwinklige Dreieck nennt man **Anstiegs-** oder **Steigungsdreieck.**

$y = \frac{3}{4}x$ $\quad P_1(0; 0) \quad m = \frac{3}{4}$
Wenn x um 4 wächst, wächst y um 3.
$P_2(4; 3)$

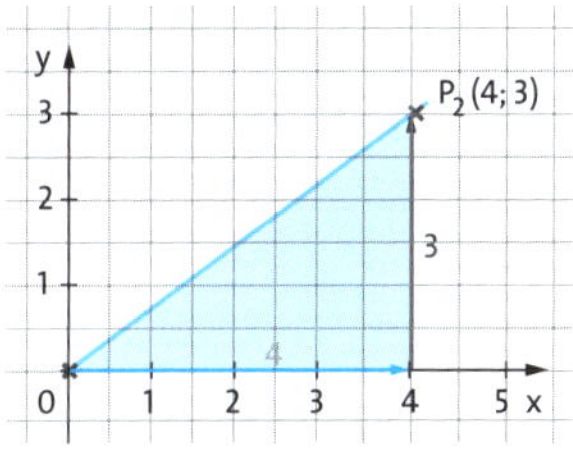

$y = mx + n$ ($m; n \neq 0$):
- Unter Verwendung des Steigungsdreiecks und des Schnittpunkts mit der y-Achse P(0; n) kann der Graph gezeichnet werden.

Nullstelle der Funktion: y = 0 einsetzen
- Anderer Weg: Erstellen einer Wertetabelle und Zeichnen des Graphen mittels zweier Werte

$y = -\frac{3}{2}x - 1 \quad P(0; -1)$

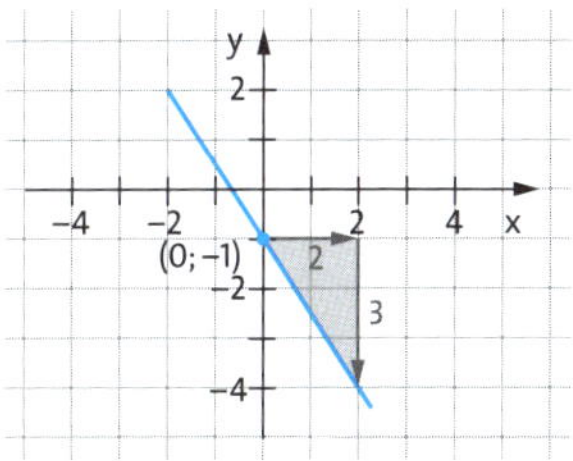

$y = -\frac{3}{2}x - 1 \qquad -\frac{3}{2}x - 1 = 0$

$x = -\frac{2}{3}$

Die Funktionsgleichung lässt sich aus zwei bekannten Punkten durch Lösung eines **Gleichungssystems** (↑ S. 40) bestimmen.

Geg.: $P_1(2; 5)$; $P_2(-2; -1)$

Funktion	y	$= mx + n$
I	5	$= m \cdot 2 + n$
II	-1	$= m\,(-2) + n$
Gleichung	y	$= \frac{3}{2}x + 2$

Quadratische Funktionen

Dies sind Funktionen mit einer Gleichung der Form $y = ax^2 + bx + c$ $(a \neq 0)$.
ax^2 heißt quadratisches Glied, bx heißt lineares Glied, c heißt konstantes Glied (Absolutglied).
Der Graph ist eine **Parabel.**

Die **Normalparabel** ist ein Sonderfall $(a = 1, b = 0, c = 0)$.

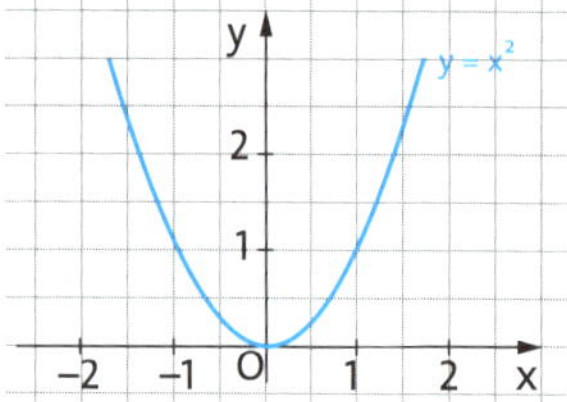

Zeichnen der Graphen

Stauchung und **Streckung:**
Der Parameter $a > 0$ bewirkt eine Stauchung oder Streckung der Parabel.

$0 < a < 1$ Parabel gestaucht
$a > 1$ Parabel gestreckt

Ist $a < 0$, wird der Graph an der x-Achse **gespiegelt.**

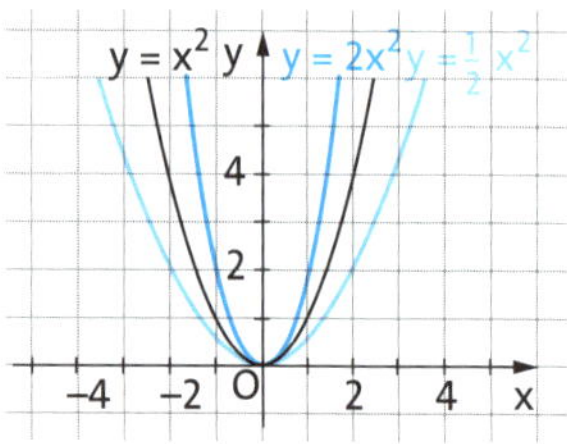

Der Graph der Funktion $y = x^2 + c$ entsteht durch **Verschiebung** der Normalparabel **entlang der y-Achse.** Die Gestalt der Normalparabel ändert sich nicht.

$c > 0$ Verschiebung auf y-Achse nach oben
$c < 0$ Verschiebung auf y-Achse nach unten

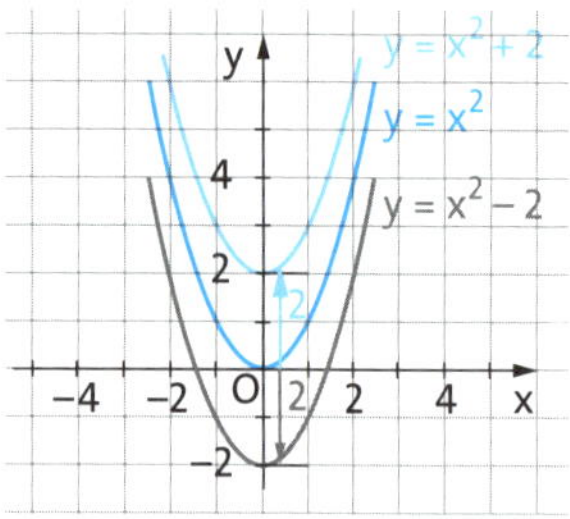

Bei einer **Verschiebung** der Normalparabel $y = x^2$ **auf der x-Achse** um den Wert d hat der Scheitelpunkt S die Koordinaten S(– d; 0) und die Parabel die Gleichung $y = (x + d)^2$.

$d < 0$ Verschiebung auf x-Achse nach rechts

$d > 0$ Verschiebung auf x-Achse nach links

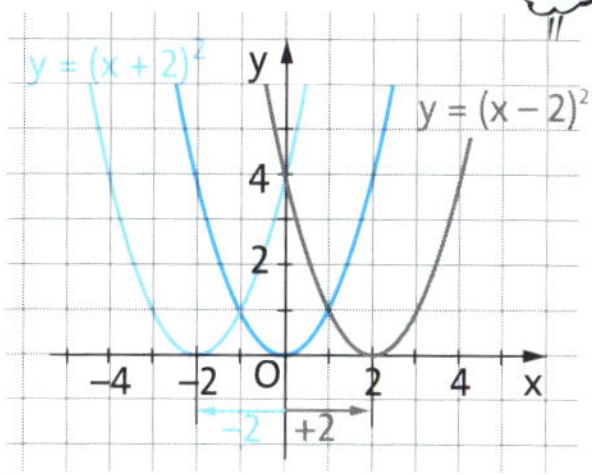

Nullstellen der Funktion $y = x^2 + px + q$

Sie werden berechnet mit der Formel $x_{1;2} = -\frac{p}{2} \pm \sqrt{\left(\frac{p}{2}\right)^2 - q}$

Für die Koordinaten des **Scheitelpunkts** gilt:

$S(x_S; y_S) = S\left(-\frac{p}{2}; -\left(\frac{p}{2}\right)^2 + q\right)$. Der Term $\left(\frac{p}{2}\right)^2 - q$ wird als **Diskriminante** D bezeichnet, also $S\left(-\frac{p}{2}; -D\right)$.

Diskriminante D	$D > 0$	$D = 0$	$D < 0$
Anzahl Nullstellen	2	1 (doppelte)	keine
Graph	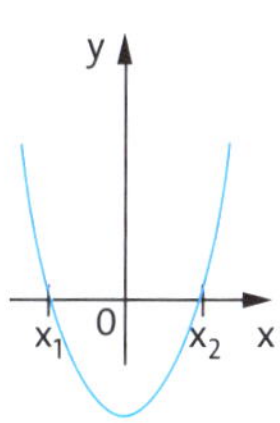	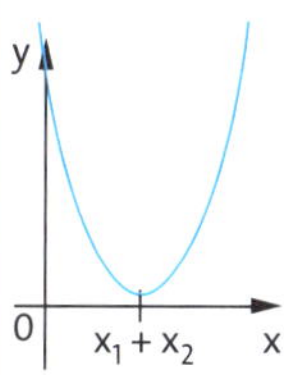	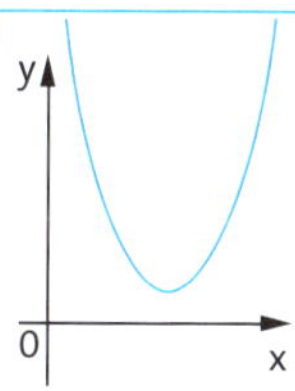
Beispiele	$y = x^2 - 2x - 3$ $D = 4$	$y = x^2 - 2x + 1$ $D = 0$	$y = x^2 - 2x + 3$ $D = -2$

Allgemeine Form		
Für die allgemeine Form der quadratischen Funktion $y = ax^2 + bx + c$ gilt:		
Funktionsgleichung	$y = ax^2 + bx + c$	$y = 2x^2 + 8x - 4$
Definitionsbereich	$-\infty < x < \infty$	$-\infty < x < \infty$
Wertebereich	$\frac{4ac - b^2}{4a} \leq y < \infty$ für $a > 0$; $-\infty < y \leq \frac{4ac - b^2}{4a}$ für $a < 0$;	$-12 \leq y \leq \infty$
Scheitelpunkt der Parabel	$S\left(-\frac{b}{2a}; \frac{4ac - b^2}{4a}\right)$	$S(-2; -12)$
Nullstellen	$x_{1,2} = \frac{1}{2a}\left(-b \pm \sqrt{b^2 - 4ac}\right)$	$x_1 \approx 0{,}45; x_2 \approx -4{,}45$

Potenzfunktionen

Dies sind Funktionen mit Gleichungen der Form $y = x^n$ $(x \in \mathbb{R}, n \in \mathbb{Z})$.

Die Graphen der Funktionen sind Parabeln n-ten Grades.

Ist der Exponent n in $y = x^n$ eine *gerade* Zahl ($n = 2k$; $k \in \mathbb{Z}$), so liegen **gerade Funktionen** vor.
Die y-Achse ist die Symmetrieachse für diese Graphen.

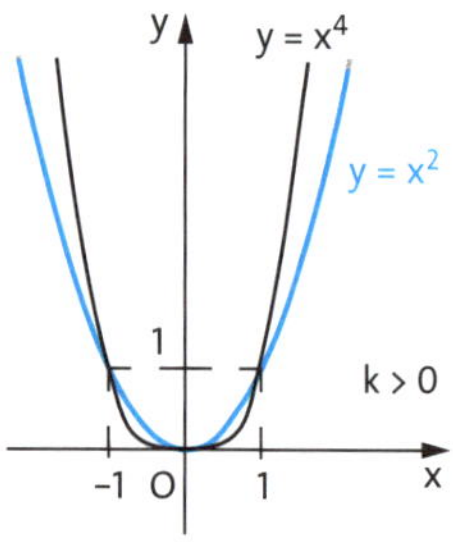

Ist der Exponent n in $y = x^n$ eine *ungerade* Zahl ($n = 2k + 1$; $k \in \mathbb{Z}$), so liegen **ungerade Funktionen** vor. Die Funktionsgraphen sind punktsymmetrisch (zentralsymmetrisch) zum Koordinatenursprung O.

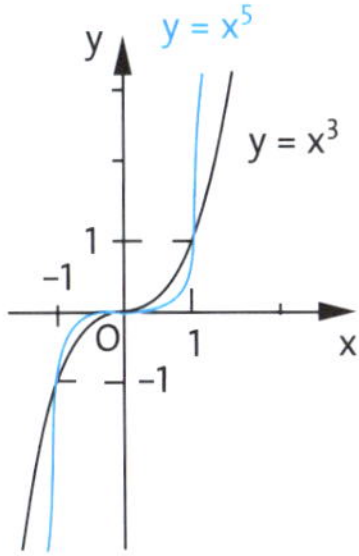

$n = 2m$; $m \in \mathbb{N}^*$ (1)
$D = \mathbb{R}$, $W = [0, +\infty[$
Nullstelle: $x_0 = 0$;
gemeinsame Punkte aller Graphen: (–1; 1), (0; 0), (1; 1)

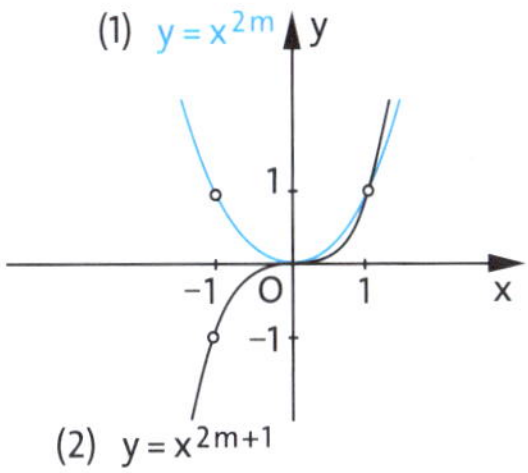

$n = 2m + 1$, $m \in \mathbb{N}^*$ (2)
$D = \mathbb{R}$, $W = \mathbb{R}$
Nullstelle: $x_0 = 0$;
gemeinsame Punkte aller Graphen: (–1; –1), (0; 0), (1; 1)

$n = -2m$, $m \in \mathbb{N}^*$ (3)
$D = \mathbb{R} \setminus \{0\}$, $W =]0, +\infty[$
Nullstelle: keine;
gemeinsame Punkte aller Graphen: (–1; 1), (1; 1)

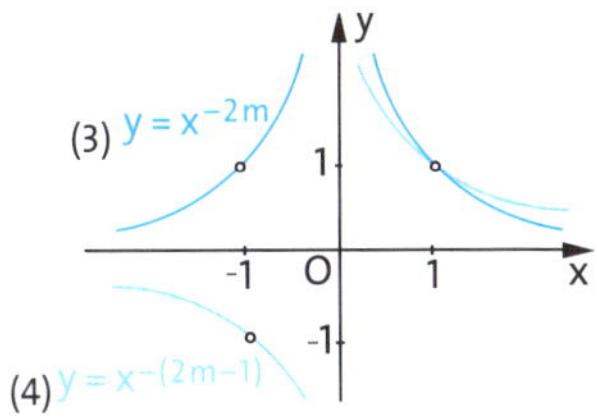

$n = -(2m - 1)$, $m \in \mathbb{N}^*$ (4)
$D = \mathbb{R} \setminus \{0\}$, $W = \mathbb{R} \setminus \{0\}$
Nullstelle: keine;
gemeinsame Punkte aller Graphen: (–1; –1), (1; 1)

Wurzelfunktionen

Dies sind Funktionen mit Gleichungen der Form $f(x) = \sqrt[n]{x^m}$ ($x \geq 0$; $m, n \in \mathbb{N}$; $m \geq 1$; $n \geq 2$).

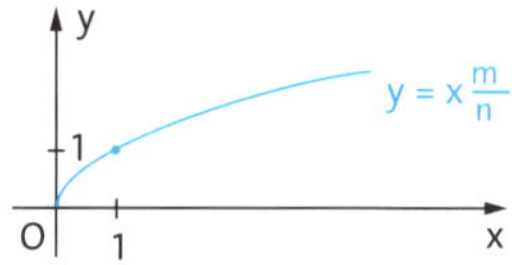

Die Funktion $f(x) = \sqrt{x}$

Sie ist die Umkehrfunktion zu $g(x) = x^2$, jedoch nur für den Bereich nicht negativer x-Werte, da $g(x) = x^2$ nicht eineindeutig ist.
Gemeinsame Punkte der beiden Funktionen sind (0; 0) und (1; 1). Da $g(x) = x^2$ für $x \geq 0$ monoton steigend ist, ist es auch $f(x) = \sqrt{x} = \sqrt[2]{x}$.

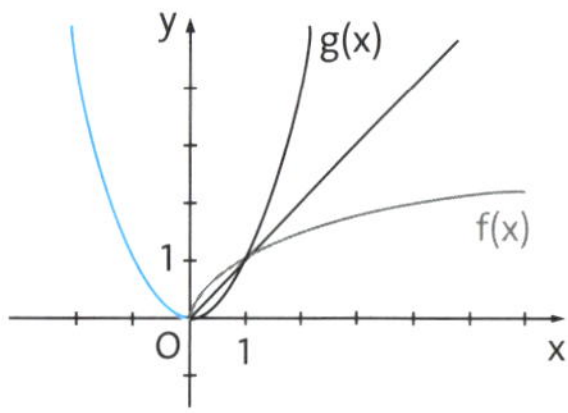

$f(x) = \sqrt{x}$ ist nicht äquivalent zu $[f(x)]^2 = x$.
Nach dem Wurzelziehen folgt: $|f(x)| = \sqrt{x}$ mit der Fallunterscheidung
(1) $f(x) \geq 0 \Rightarrow f_1(x) = \sqrt{x}$
(2) $f(x) < 0 \Rightarrow f_2(x) = -\sqrt{x}$

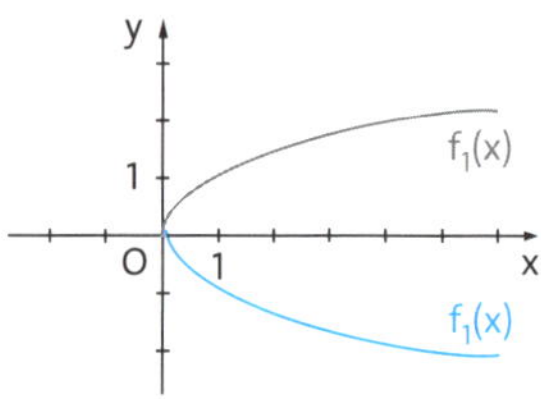

Die Funktionen f(x) $\sqrt[n]{x}$

$f(x) = x^n$ ($n \in \mathbb{N}$; $n \geq 2$) und $f^{-1}(x) = \sqrt[n]{x}$ sind zueinander inverse Funktionen, aber nur für $x \geq 0$.
Definitionsbereich: $0 \leq x < \infty$
Wertebereich: $0 \leq y < \infty$
Nullstelle: $x = 0$;
gemeinsame Punkte aller Graphen: (0; 0), (1; 1)
Monotonie: monoton steigend

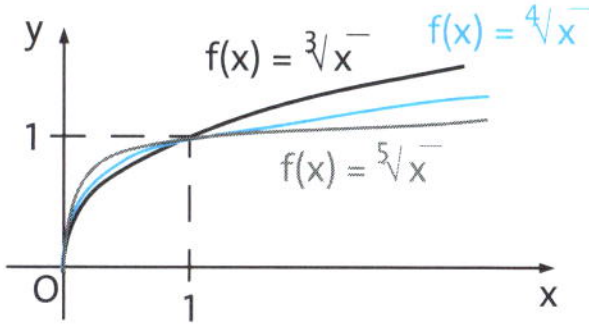

Logarithmusfunktionen

Dies sind Funktionen mit Gleichungen der Form
$f(x) = \log_a x$
($a, x \in \mathbb{R}$; $a, x > 0$; $a \neq 1$).

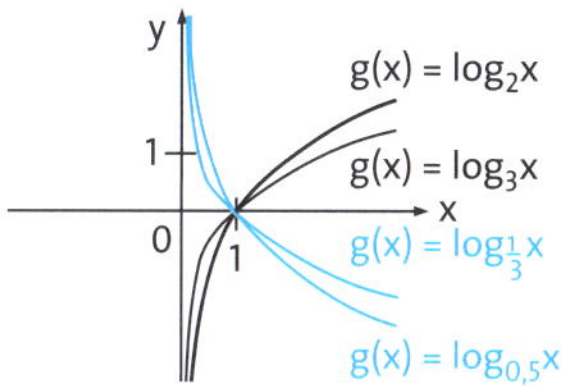

$y = \log_a x$ ist Umkehrfunktion von $g(x) = a^x$.
$D =]0, +\infty[$ $W = \mathbb{R}$
Nullstelle: $x_0 = 1$;
gemeinsamer Punkt aller Funktionsgraphen: (1; 0)
Spezialfälle (↑ S. 64):
$y = \log_{10} x = \lg x$
$y = \log_e x = \ln x$
$y = \log_2 x = \text{lb } x$

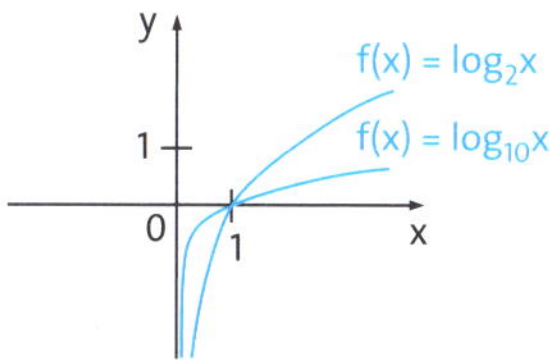

Exponentialfunktionen

$y = a^x$ ($a \in \mathbb{R}$, $a > 0$, $a \neq 1$)
$D = \mathbb{R}$ $W =]0, +\infty[$
Nullstellen: keine;
gemeinsamer Punkt aller Funktionsgraphen: (0; 1);
Spezialfall: $y = e^x$;
$e = 2{,}718282$ (eulersche Zahl)

In Abhängigkeit von a spricht man von einer

- exponentiellen Zunahme $a > 1$
- exponentiellen Abnahme $0 < a < 1$

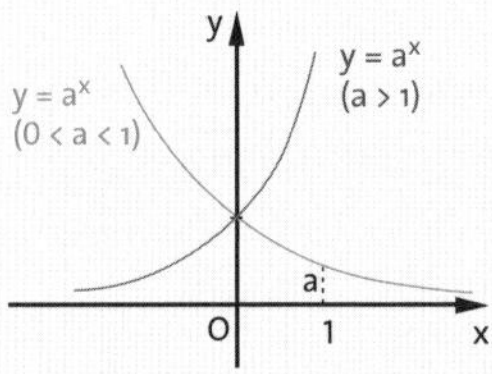

Lineares Wachstum

Ein Wachstum heißt **lineares Wachstum,** wenn die **Änderungsrate m konstant** ist. Mit dem Anfangsbestand $c = B(0)$ gilt für den Bestand $B(t)$ nach t ($t \in \mathbb{N}$) Zeitintervallen:

$$\mathbf{B(t) = m \cdot t + c}$$

Tim und seine Freunde machen eine Fahrradtour. Sie schaffen 15 km Weg in jeder Stunde. Nach den 3 Stunden Fahrt haben sie eine Strecke von $3 \cdot 15\ \text{km} + 0\ \text{km} = 45\ \text{km}$ bewältigt.

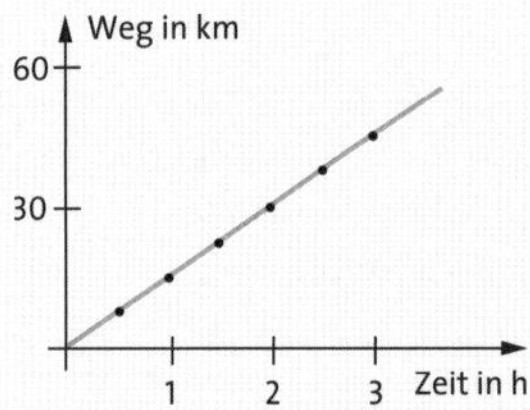

Exponentielles Wachstum

Ein Wachstum heißt **exponentielles Wachstum,** wenn für jeden Zeitschritt $\text{Bestand}_{neu} = a \cdot \text{Bestand}_{alt}$ gilt. Für alle Zeitintervalle ist der **Wachstumsfaktor a gleich.** Für den Bestand B(t) gilt nach t ($t \in \mathbb{N}$) Zeitintervallen: $\mathbf{B(t) = B(0) \cdot a^t}$

Wenn man sein Geld bei einer Bank anlegt und die Zinsen nicht abhebt, sondern auf dem Konto belässt, so steigt der Kontostand exponentiell. Aus 1000 € Startkapital werden nach 100 Jahren und 5% Zinsen sagenhafte 131 501,26 €.

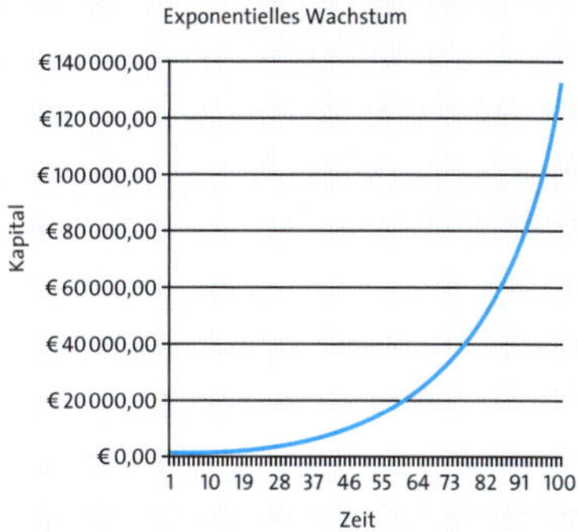

Wachstumsfaktor a: $1 + \frac{5}{100} = 1{,}05$

Nach 100 Jahren gilt: $1000\,€ \cdot 1{,}05^{100} = 131\,501{,}26\,€$

Die Weltbevölkerung ist nahezu exponentiell gewachsen. Gab es Mitte des 17. Jahrhunderts etwa 500 Millionen Menschen, waren es 1960 3 Milliarden. 1987 waren es 5 Milliarden, 2010 werden 7 Milliarden erwartet.

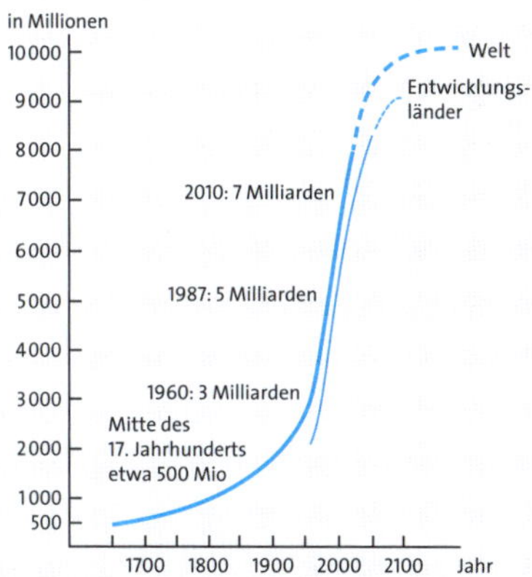

Die Funktionen f(x) = lg x und f(x) = ln x

	f(x) = lg x	f(x) = ln x
Basis	10	e = 2,718282…
Symbol	lg	ln
Bezeichnung	dekadischer Logarithmus, briggsscher Logarithmus	natürlicher Logarithmus, neperscher Logarithmus (nach John Napier)
Beziehung	$10^{\lg x} = e^{\ln x} = x$	

Trigonometrische Funktionen (Winkelfunktionen)

Winkelfunktionen am rechtwinkligen Dreieck

Bezeichnung	**Längenverhältnis**	
Sinus	$\frac{\text{Gegenkathete}}{\text{Hypotenuse}}$	$\sin \alpha = \frac{a}{c}$
Kosinus	$\frac{\text{Ankathete}}{\text{Hypotenuse}}$	$\cos \alpha = \frac{b}{c}$
Tangens	$\frac{\text{Gegenkathete}}{\text{Ankathete}}$	$\tan \alpha = \frac{a}{b}$
Kotangens	$\frac{\text{Ankathete}}{\text{Gegenkathete}}$	$\cot \alpha = \frac{b}{a}$

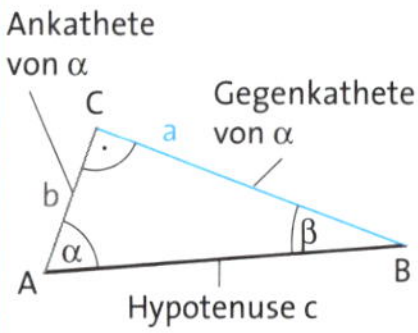

Winkelfunktionen am Kreis

Die **Sinusfunktion** ist die Menge aller geordneten Paare $(x; \frac{u}{r})$.
Funktionsgleichung:
$f(x) = \sin x$

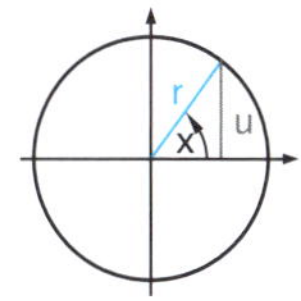

Die **Kosinusfunktion** ist die Menge aller geordneten Paare $(x; \frac{v}{r})$.
Funktionsgleichung:
$f(x) = \cos x$

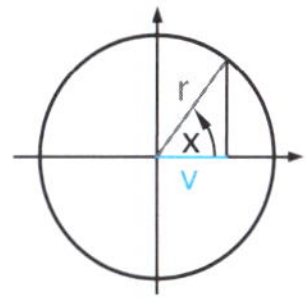

Die **Tangensfunktion** ist die Menge aller geordneten Paare $(x; \frac{u}{v})$.
Funktionsgleichung:
$f(x) = \tan x$

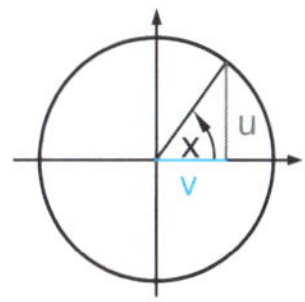

Die **Kotangensfunktion** ist die Menge aller geordneten Paare $(x; \frac{v}{u})$.
Funktionsgleichung:
$f(x) = \cot x$

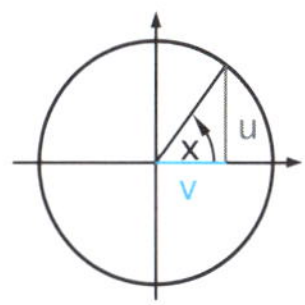

Wählt man als Radius 1 **(Einheitskreis),** entsprechen die Maßzahlen der Abszisse bzw. Ordinate den Funktionswerten der Sinus- bzw. Kosinusfunktion.

Bogenmaß

Dies ist das Verhältnis aus dem zu einem Winkel α gehörenden Kreisbogen b und dem Radius. Es wird mit **Arkus** (arc) bezeichnet.

$\text{arc}\,\alpha = \frac{b}{r} = \frac{\pi\, r\, \alpha}{180° \cdot r} = \frac{\pi}{180°} \cdot \alpha$

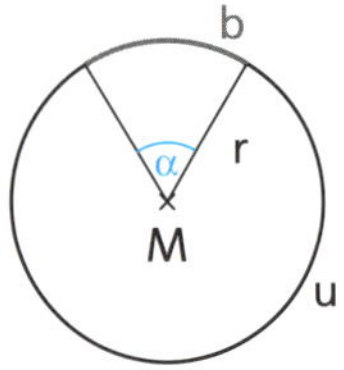

Graphen und Eigenschaften

Die Graphen der Winkelfunktionen lassen sich unmittelbar aus der Darstellung am Einheitskreis (↑ S. 65) entwickeln.

Sinusfunktion
f(x) = sin x
Definitionsbereich:
$-\infty < x < \infty$
Wertebereich: $-1 \leq y \leq 1$
kleinste Periodenlänge: 2π
Nullstellen: $0 + k\pi\ (k \in \mathbb{Z})$

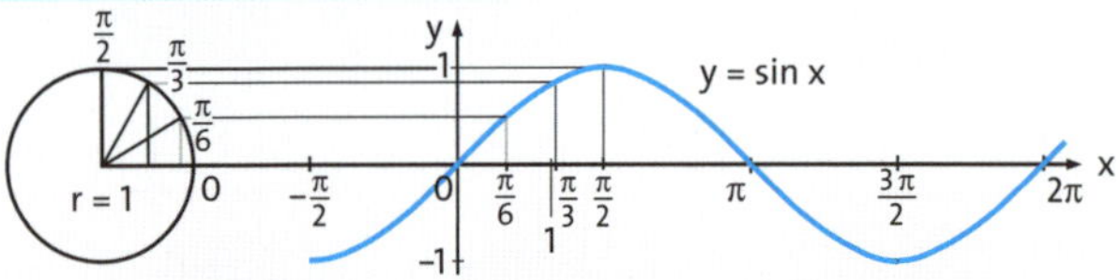

Kosinusfunktion
f(x) = cos x
Definitionsbereich:
$-\infty < x < \infty$
Wertebereich: $-1 \leq y \leq 1$
kleinste Periodenlänge: 2π
Nullstellen: $\frac{\pi}{2} + k\pi\ (k \in \mathbb{Z})$

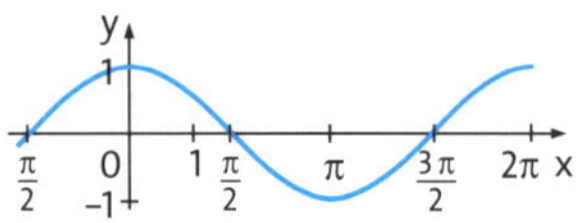

Tangensfunktion

$f(x) = \tan x$
Definitionsbereich:
$-\infty < x < \infty$
$x \neq (2k+1)\frac{\pi}{2} \qquad (k \in \mathbb{Z})$
Wertebereich: $-\infty < y < \infty$
kleinste Periodenlänge: π
Nullstellen: $0 + k\pi \; (k \in \mathbb{Z})$

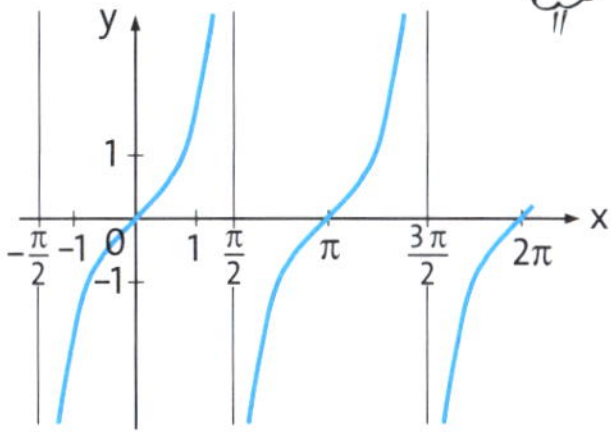

Kotangensfunktion

$f(x) = \cot x$
Definitionsbereich:
$-\infty < x < \infty \quad x \neq k\pi \quad (k \in \mathbb{Z})$
Wertebereich: $-\infty < y < \infty$
kleinste Periodenlänge: π
Nullstellen: $\frac{\pi}{2} + k\pi \; (k \in \mathbb{Z})$

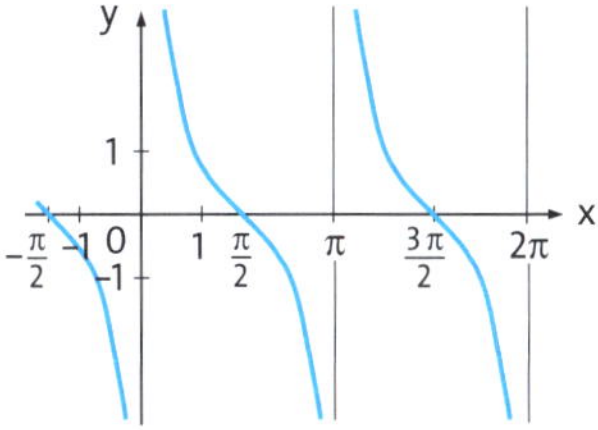

4

Die wichtigsten Werte trigonometrischer Funktionen

Gradmaß Bogenmaß	0° 0	30° $\frac{\pi}{6}$	45° $\frac{\pi}{4}$	60° $\frac{\pi}{3}$	90° $\frac{\pi}{2}$	120° $\frac{2\pi}{2}$	135° $\frac{3\pi}{4}$	150° $\frac{5\pi}{6}$	180° π
y = sin x	0	$\frac{1}{2}$	$\frac{1}{2}\sqrt{2}$	$\frac{1}{2}\sqrt{3}$	1	$\frac{1}{2}\sqrt{3}$	$\frac{1}{2}\sqrt{2}$	$\frac{1}{2}$	0
y = cos x	1	$\frac{1}{2}\sqrt{3}$	$\frac{1}{2}\sqrt{2}$	$\frac{1}{2}$	0	$-\frac{1}{2}$	$-\frac{1}{2}\sqrt{2}$	$-\frac{1}{2}\sqrt{3}$	-1
y = tan x	0	$\frac{1}{3}\sqrt{3}$	1	$\sqrt{3}$	nicht definiert	$-\sqrt{3}$	-1	$-\frac{1}{3}\sqrt{3}$	0
y = cot x	nicht definiert	$\sqrt{3}$	1	$\frac{1}{3}\sqrt{3}$	0	$-\frac{1}{3}\sqrt{3}$	-1	$-\sqrt{3}$	nicht definiert

5 Geometrie

Grundbegriffe

Ein **Punkt** hat keine Ausdehnung. Seine Lage im Koordinatensystem wird durch seine Koordinaten eindeutig angegeben.

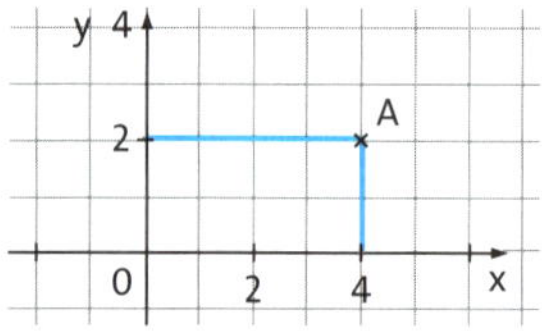

A (4; 2)

Jede **Linie** ist eine unendliche Punktmenge. Gerade Linien ohne Anfangs- und Endpunkt heißen **Geraden.**

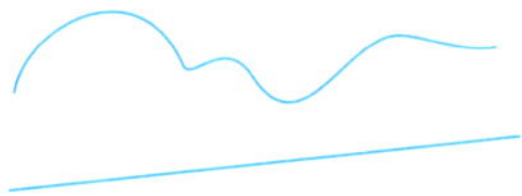

Zwei Punkte legen eine Gerade eindeutig fest.

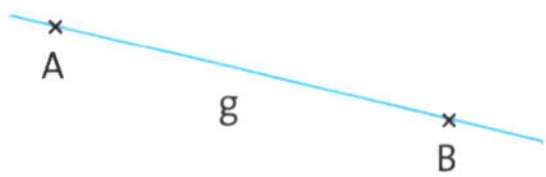

Parallele Geraden haben keinen Punkt gemeinsam oder sie sind identisch.
Senkrechte Geraden schneiden sich unter einem rechten Winkel.

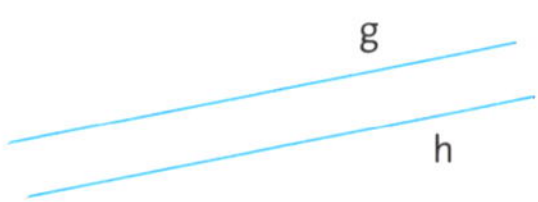

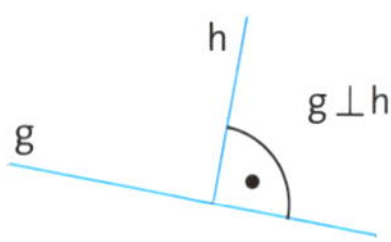

Wenn zwei Geraden einander **schneiden,** haben sie genau einen Punkt gemeinsam.

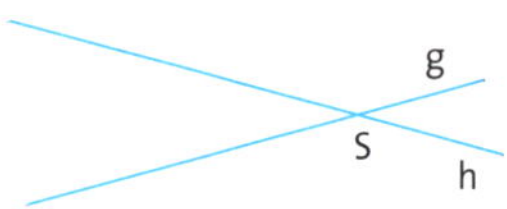

Eine Gerade wird durch einen Punkt in zwei **Halbgeraden (Strahlen)** zerlegt.

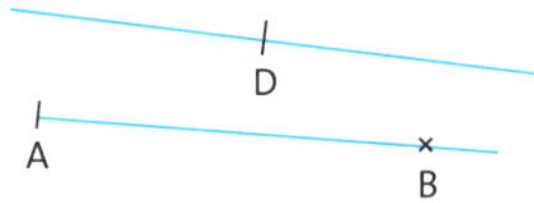

Alle Strahlen der Ebene mit gemeinsamem Anfangspunkt bilden ein **Strahlenbüschel.**

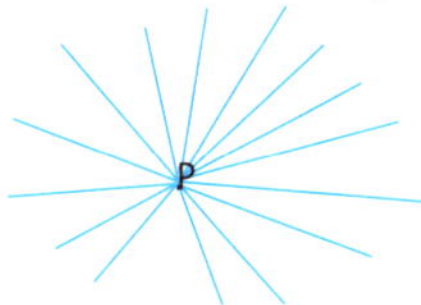

Eine **Strecke** wird durch ihre zwei Randpunkte festgelegt. Sie ist die kürzeste Verbindung zwischen zwei Punkten.

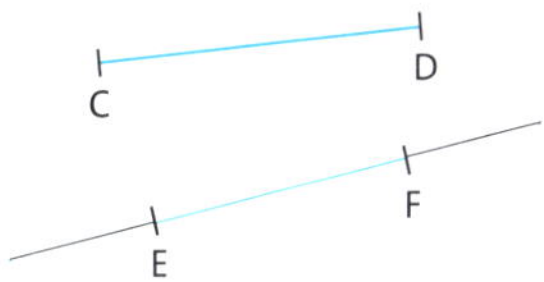

Die Strecke PL (L ∈ g), die auf der Senkrechten zu g durch P liegt, heißt das **Lot** (↑ S. 75) von P auf g.

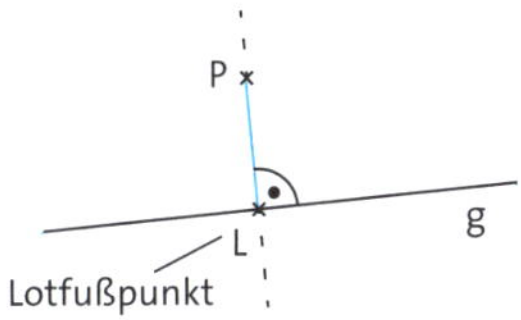

Eine **Ebene** ist eine nach allen Richtungen unbegrenzte unendliche Punktmenge, die festgelegt wird durch:

- drei Punkte, die nicht auf einer Geraden liegen (1),
- eine Gerade und einen Punkt, der nicht auf der Geraden liegt (2),
- zwei verschiedene, sich schneidende oder parallele Geraden (3).

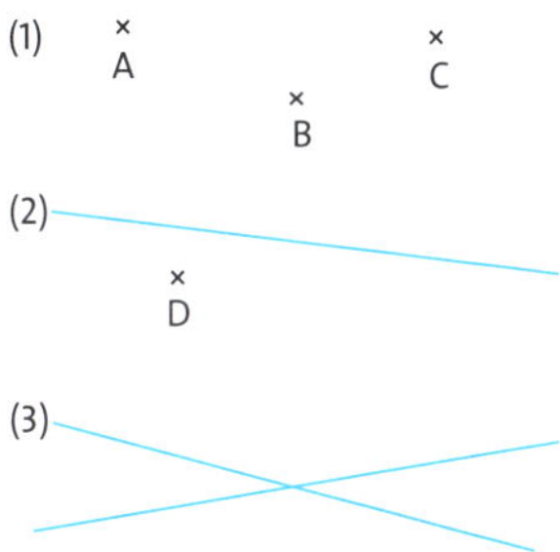

Längen

Können zwei Strecken mit einer Bewegung (↑ S. 76 f.) aufeinander abgebildet werden, so sind sie **deckungsgleich** und haben die gleiche **Länge.**

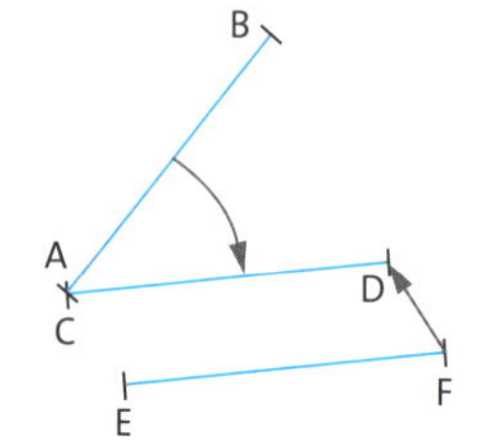

Als **Abstand eines Punktes P von einer Geraden g** wird die Länge des Lots von P auf g bezeichnet (↑ S. 69).

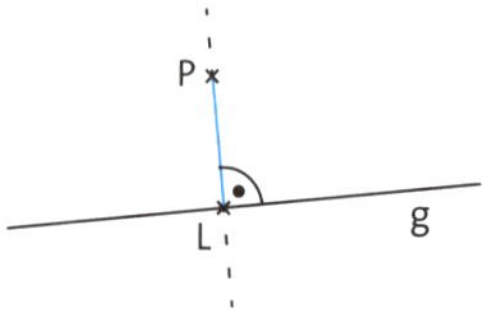

Die Länge der Strecke AB (= $\overline{AB}$) ist der **Abstand der Parallelen g und h** ($g \parallel h$, $k \perp h$, $k \perp g$).

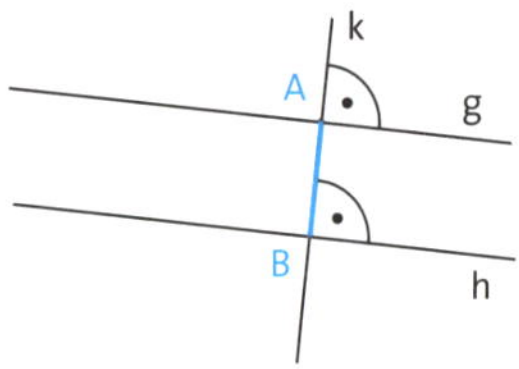

Flächen

Eine geschlossene Linie in der Ebene erzeugt eine **ebene Figur.** Ihre Fläche umfasst alle Punkte im Innern und auf dem Rand. Zwei Figuren haben den gleichen **Flächeninhalt,** wenn sie so in Teilflächen zerlegt werden können, dass jede der Teilflächen in jeder Figur enthalten ist.

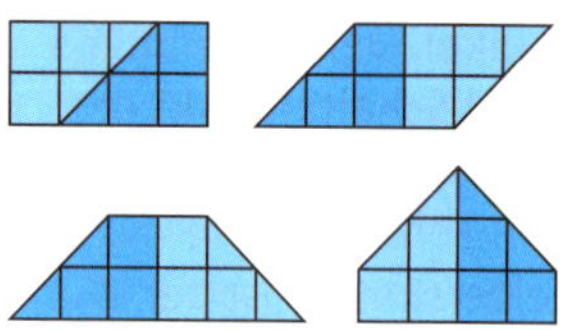

Winkel

Zwei Strahlen mit einem gemeinsamen Anfangspunkt S bilden einen **Winkel.** Der gemeinsame Anfangspunkt ist der **Scheitelpunkt** des Winkels. Die zwei Strahlen sind die **Schenkel** des Winkels.

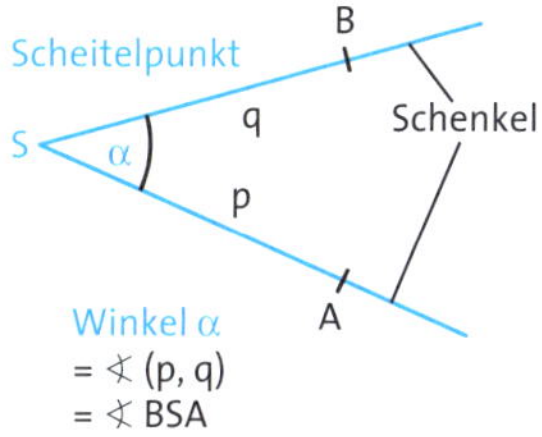

Einen Winkel der Größe **1 Grad (1°)** erhält man, indem man einen Kreis durch Radien in 360 deckungsgleiche Teile (Kreisausschnitte) zerlegt.

Das **Bogenmaß** b ist die Länge des zugehörigen Kreisbogens auf dem Einheitskreis (↑ S. 65).

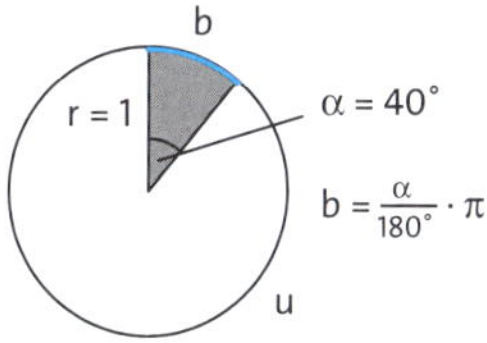

Wird ein Strahl um seinen Anfangspunkt S gedreht, so entsteht ein **orientierter Winkel.** Der Drehpunkt S heißt **Scheitelpunkt** des Winkels. Erfolgt die Drehung entgegen dem Uhrzeigersinn, so ist der Winkel **positiv orientiert.**

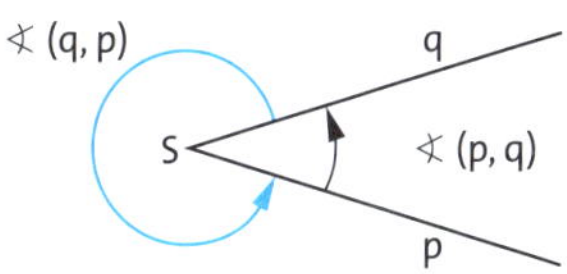

Winkelarten

spitzer Winkel α:
$\alpha < 90°$

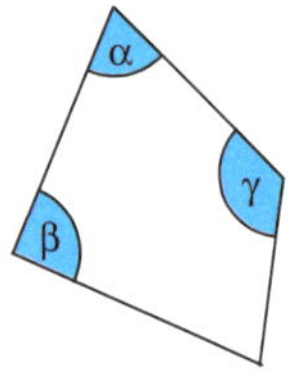

rechter Winkel β:
$\beta = 90°$

stumpfer Winkel γ:
$90° < \gamma < 180°$

gestreckter Winkel δ:
$\delta = 180°$

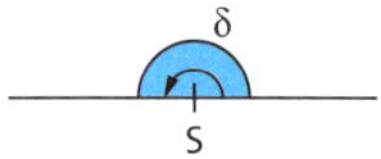

überstumpfer Winkel μ:
$180° < \mu < 360°$

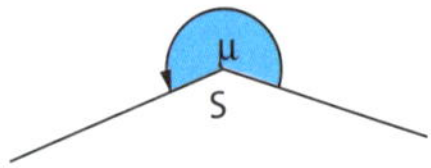

Vollwinkel ε:
$\varepsilon = 360°$

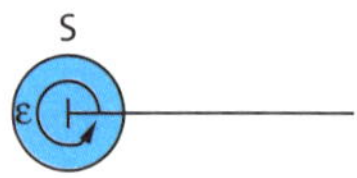

Nullwinkel α:
Die Strahlen p und q sind identisch. $\alpha = 0°$

Winkel an Geraden

Schneiden zwei Geraden einander, so heißen die *gegenüberliegenden* Winkel **Scheitelwinkel.** Sie sind gleich groß.
Die *nebeneinanderliegenden* Winkel heißen **Nebenwinkel.** Ihre Summe beträgt 180°.

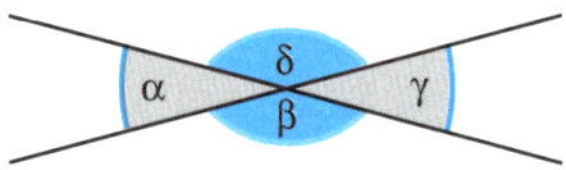

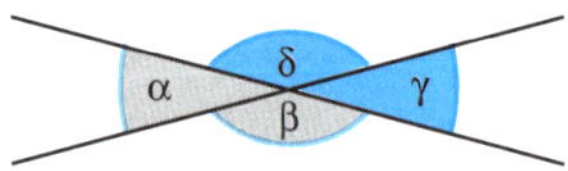

In der Abbildung gilt:
$\alpha + \beta = \beta + \gamma = \gamma + \delta = \delta + \alpha = 180°$

Winkel an geschnittenen Parallelen

Stufenwinkel an geschnittenen Parallelen sind gleich groß.

$\alpha = \alpha', \beta = \beta', \gamma = \gamma', \delta = \delta'$

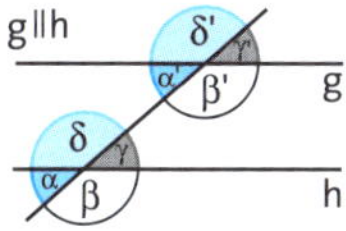

Wechselwinkel an geschnittenen Parallelen sind gleich groß.

$\alpha = \gamma', \beta = \delta', \gamma = \alpha', \delta = \beta'$

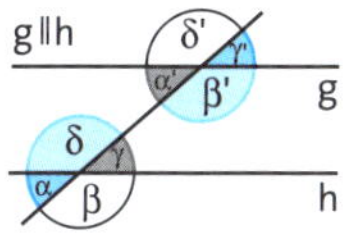

Entgegengesetzt liegende Winkel an geschnittenen Parallelen ergänzen einander zu 180°.

$\alpha + \delta' = \beta + \gamma' = \gamma + \beta'$
$= \delta + \alpha' = 180°$

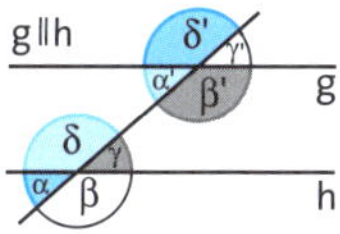

Konstruktionen

Abtragen einer Strecke

(1) Kreisbogen um P mit $r = \overline{AB}$ zeichnen ⇒ Punkte Q und R auf g
Die Strecken PQ und PR auf g haben die gleiche Länge wie AB.

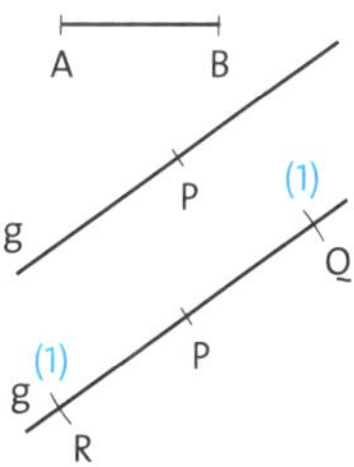

Antragen eines Winkels an einen Strahl

(1) Kreisbogen um S zeichnen ⇒ Punkte P und Q
(2) Kreisbogen um A mit Radius $r = \overline{SP}$ zeichnen ⇒ Punkt B auf dem Strahl s
(3) Kreisbogen um B mit $r = \overline{PQ}$ zeichnen ⇒ Punkte C und D
(4) Strahlen $\overline{AD}$ und $\overline{AC}$ zeichnen. Es gilt:
$\sphericalangle BAD = \sphericalangle CAB = \sphericalangle QSP$.

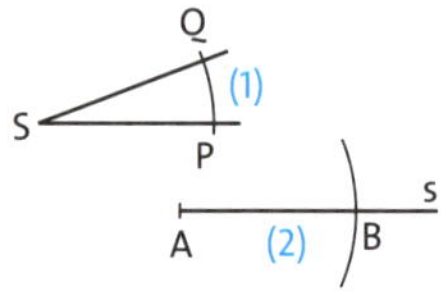

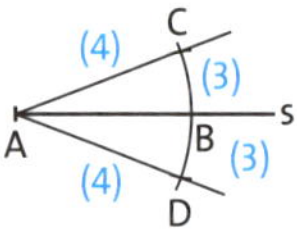

Strecke halbieren – die Mittelsenkrechte

(1) Kreisbogen um A und B zeichnen; Radius beliebig, gleich groß und $r > \frac{1}{2}\overline{AB}$
⇒ Punkte C und D
(2) Die Gerade CD schneidet die Strecke AB in M. Sie ist die **Mittelsenkrechte** der Strecke AB.

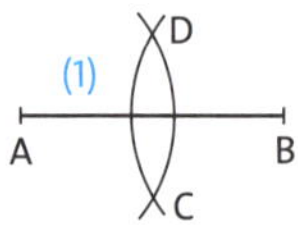

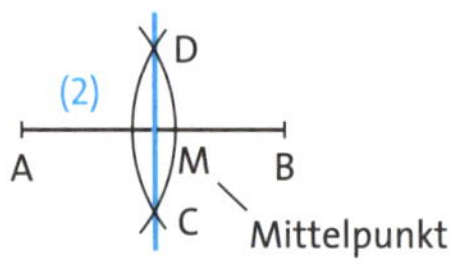

Winkelhalbierende

(1) Kreisbogen um den Scheitelpunkt A zeichnen ⇒ Punkt B auf h und Punkt C auf k

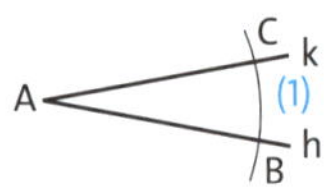

(2) Zwei Kreisbögen um B und C zeichnen, $r > \frac{1}{2}\,\overline{BC}$
$\Rightarrow$ Punkte D und E als Schnittpunkte der beiden Kreisbögen
$\overline{AD}$ ist die **Winkelhalbierende** von $\sphericalangle$ (h, k).

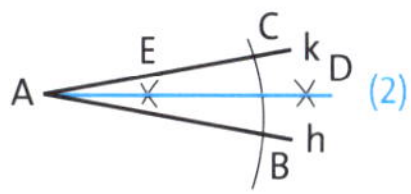

Senkrechte zu einer Geraden

(1) Kreisbogen um A zeichnen $\Rightarrow$ B und C auf h
(2) Kreisbogen um B und C zeichnen; Radius beliebig, aber gleich groß, $r > \overline{AB}$
$\Rightarrow$ Punkte D und E
Die Gerade durch A, D, E ist die **Senkrechte** zu h in A.

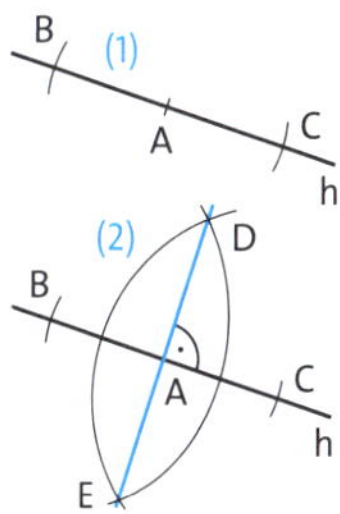

Lot von einem Punkt auf eine Gerade

(1) Kreisbogen um A zeichnen $\Rightarrow$ B und C auf h
(2) Kreisbogen um B und C zeichnen; $r > \frac{1}{2}\,\overline{BC}$ aber gleich groß $\Rightarrow$ Punkt D
(3) Gerade durch A und D zeichnen $\Rightarrow$ Punkt L auf h
AL ist das **Lot** von A auf die Gerade h.

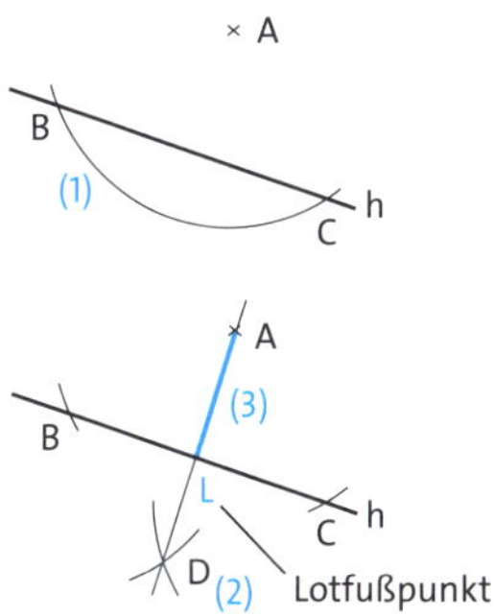

Kongruenz und Bewegung

Zwei Figuren sind zueinander **kongruent,** wenn es eine Bewegung gibt, welche die eine Figur auf die andere abbildet.

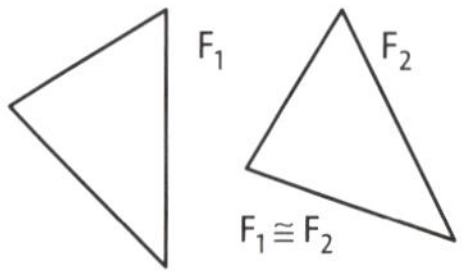

Verschiebung

Eine **Verschiebung** $\overrightarrow{AB}$ ist eine eineindeutige Abbildung der Ebene auf sich selbst. Für das Bild P‘ von P gilt:
PP‘ || AB und AP || BP‘.

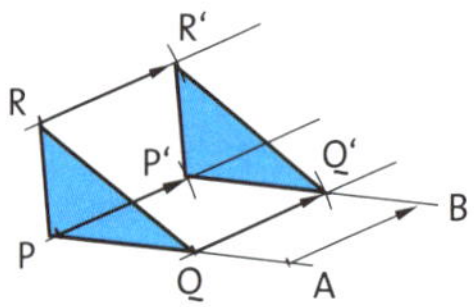

Drehung

Eine **Drehung um einen Punkt Z** mit dem Drehwinkel α ist eine eineindeutige Abbildung der Ebene auf sich selbst. Für das Bild P‘ von P gilt:

- P‘ liegt auf dem Kreis um Z durch P,
- $\sphericalangle$ (PZP‘) = α.

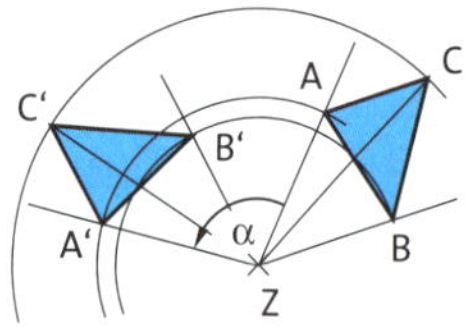

Spiegelung

Eine **Punktspiegelung am Punkt Z** ist eine eineindeutige Abbildung der Ebene auf sich selbst. Für das Bild P‘ von P gilt:

- P‘ liegt auf dem Kreis um Z durch P,
- P‘ liegt auf der Geraden durch P und Z.

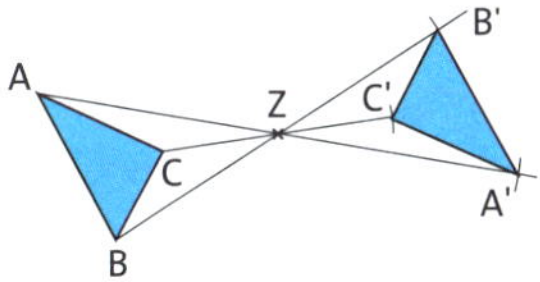

Eine **Geradenspiegelung an g** ist eine eineindeutige Abbildung der Ebene auf sich selbst. Für das Bild P‘ von P gilt:

- P‘ liegt auf der Senkrechten zu g durch P,
- g halbiert PP‘.

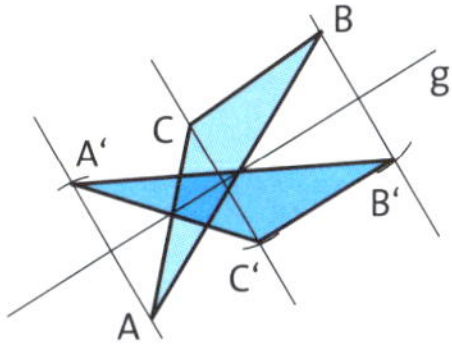

Symmetrie

Eine Figur heißt **symmetrisch,** wenn sie bei einer Bewegung auf sich selbst abgebildet werden kann. Wird die Figur bei einer Geradenspiegelung an der **Symmetrieachse (Spiegelachse)** auf sich selbst abgebildet, ist sie **achsen-** bzw. **axialsymmetrisch.**

Symmetrie

Wird die Figur bei der Spiegelung an einem Punkt Z, dem **Symmetriezentrum,** auf sich selbst abgebildet, ist sie **punkt-** bzw. **zentralsymmetrisch.**

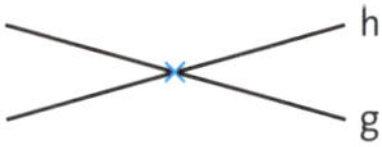

sich schneidende Geraden

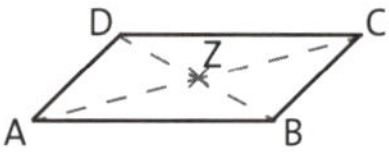

Parallelogramm

Wird die Figur bei Drehung um einen Punkt D mit Drehwinkel α auf sich selbst abgebildet, ist sie **dreh-** bzw. **radialsymmetrisch.**

Quadrat
$\alpha = 90°$

regelmäßiges Sechseck
$\alpha = 60°$

Dreiecke

Abgeschlossene Streckenzüge aus drei Strecken werden **Dreiecke** genannt. Die drei Strecken sind die **Seiten** des Dreiecks. Je zwei Seiten haben einen **Eckpunkt** gemeinsam.

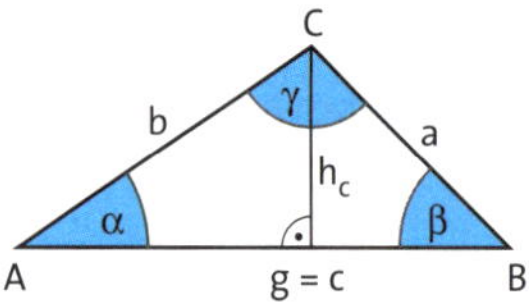

Umfang: $u = a + b + c$

Flächeninhalt: $A = \frac{1}{2} gh$

Einteilung der Dreiecke nach Seitenlängen

unregelmäßiges Dreieck	gleichschenkliges Dreieck	gleichseitiges Dreieck
$a \neq b, a \neq c, b \neq c$	$a = b$	$a = b = c$
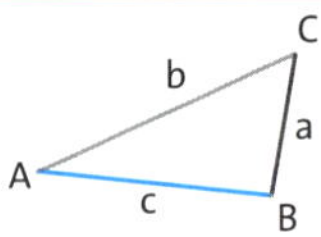	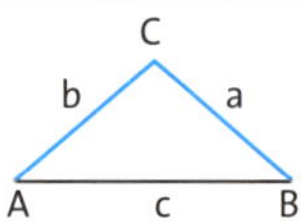	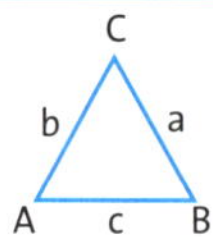

Einteilung der Dreiecke nach Winkelgröße

stumpfwinkliges Dreieck	rechtwinkliges Dreieck	spitzwinkliges Dreieck
Ein Innenwinkel ist ein stumpfer.	Ein Innenwinkel ist ein rechter.	Alle Innenwinkel sind spitze.
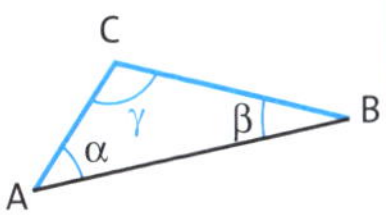	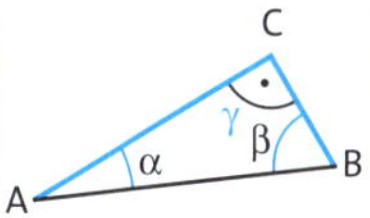	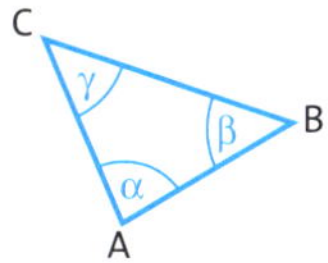
$\gamma > 90°$	$\gamma = 90°$	$\alpha < 90°, \beta < 90°, \gamma < 90°$

Sätze am Dreieck

Innenwinkelsatz:
Die Summe der Innenwinkel eines Dreiecks ABC beträgt 180°.

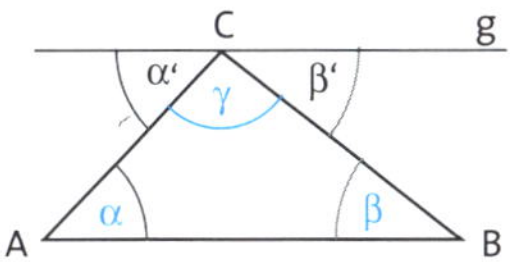

$\alpha + \beta + \gamma = 180°$

Außenwinkelsatz:
Jeder Außenwinkel eines Dreiecks ist so groß wie die Summe der beiden nicht anliegenden Innenwinkel.

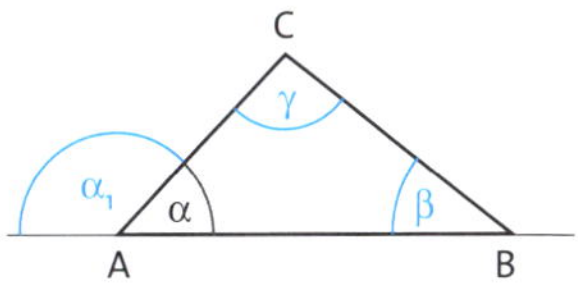

$\alpha_1 = \beta + \gamma$

Aufgepasst: In jedem Dreieck sind zwei Seiten zusammen immer länger als die dritte Seite (Dreiecksungleichungen).

$a + b > c$
$a + c > b$
$b + c > a$

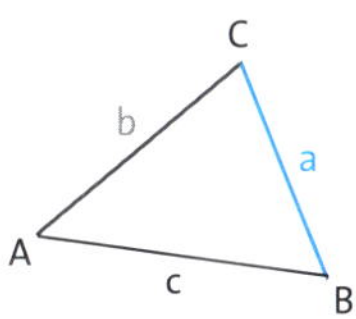

Besondere Linien und Punkte im Dreieck

Die **Mittelsenkrechten** der drei Dreiecksseiten schneiden einander stets im **Umkreismittelpunkt** M des Dreiecks.

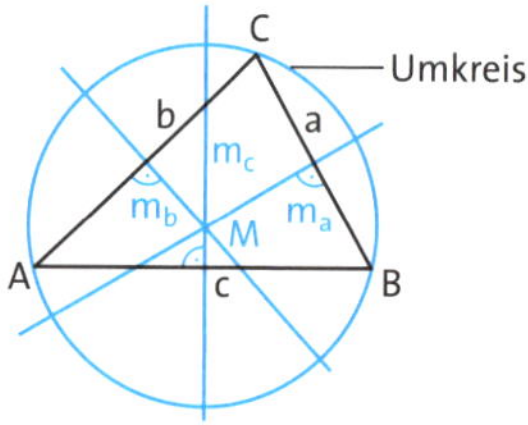

Die drei **Winkelhalbierenden** der Innenwinkel eines Dreiecks schneiden einander stets im Mittelpunkt W des **Inkreises.**

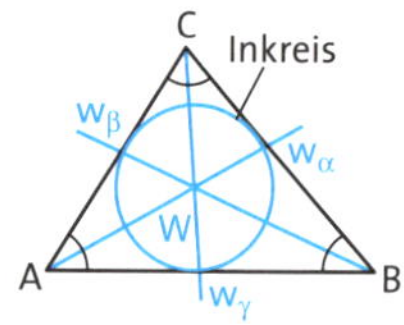

Die **Seitenhalbierenden** verbinden den Mittelpunkt einer Seite mit dem gegenüberliegenden Eckpunkt. Die Seitenhalbierenden aller Dreiecksseiten schneiden einander im **Schwerpunkt** S des Dreiecks.

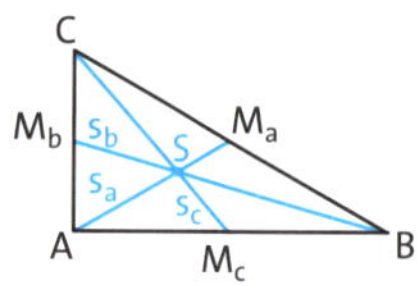

$\overline{AS} = 2\,\overline{SM_a}$, $BS = 2\,\overline{SM_b}$,
$\overline{CS} = 2\,\overline{SM_c}$,

In jedem Dreieck schneiden die Höhen einander in einem **Höhenschnittpunkt** H.

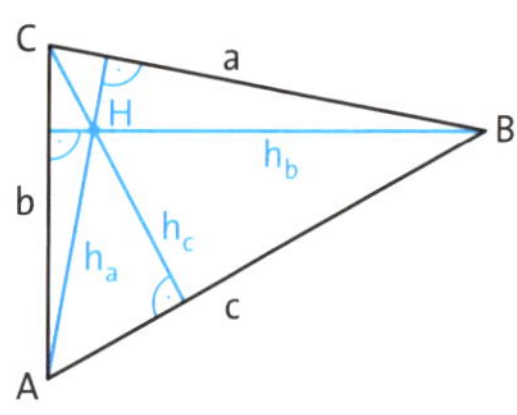

Kongruenzsätze für Dreiecke

SSS: Dreiecke sind zueinander kongruent, wenn sie in allen drei Seiten übereinstimmen.

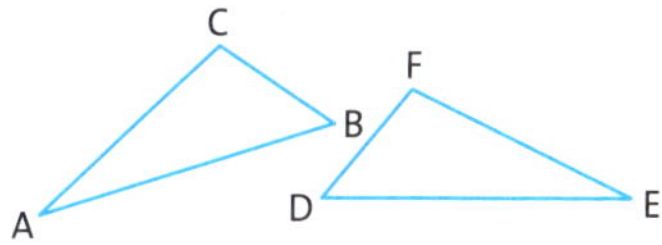

SWS: Dreiecke sind zueinander kongruent, wenn sie in zwei Seiten und dem eingeschlossenen Winkel übereinstimmen.

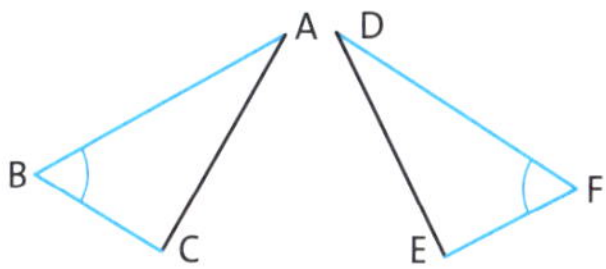

WSW: Dreiecke sind zueinander kongruent, wenn sie in zwei Winkeln und der eingeschlossenen Seite übereinstimmen.

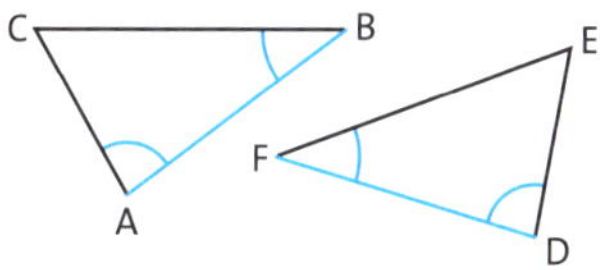

SSW: Dreiecke sind zueinander kongruent, wenn sie in zwei Seiten und dem der größeren Seite gegenüberliegenden Winkel übereinstimmen.

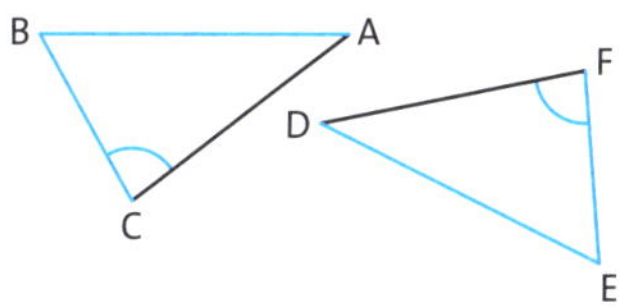

5

Flächeninhalt

Der **Flächeninhalt** A ist das halbe Produkt aus einer Seite und der dazugehörigen Höhe.

$$A = \frac{1}{2}a \cdot h_a = \frac{1}{2}b \cdot h_b = \frac{1}{2}c \cdot h_c = \frac{1}{2}g \cdot h_g$$

Satz des Pythagoras

Im rechtwinkligen Dreieck ist der Flächeninhalt des Quadrats über der **Hypotenuse** gleich der Summe der Flächeninhalte der Quadrate über den **Katheten:** $c^2 = a^2 + b^2$

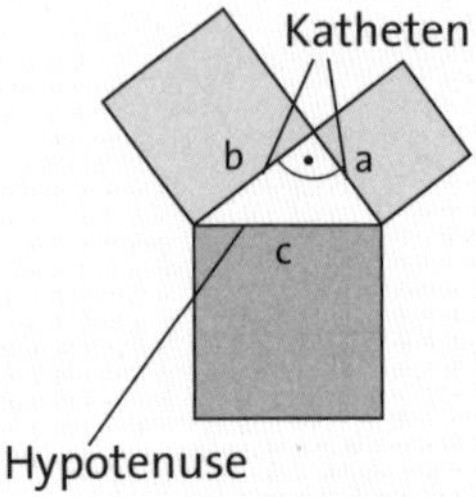

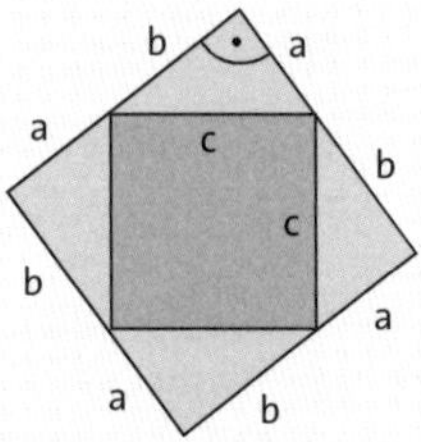

$$c^2 = (a + b)^2 - 4\left(\tfrac{1}{2} a \cdot b\right) = a^2 + b^2$$

Anwendung: Länge der Diagonale im Rechteck

Die Länge der Diagonale ergibt sich aus den Seitenlängen durch Anwendung des Satzes des Pythagoras:

$\overline{AC}^2 = a^2 + b^2$

$\overline{AC} = \sqrt{a^2 + b^2}$

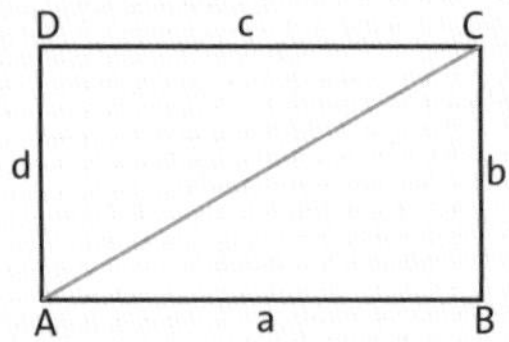

Anwendung: Länge der Raumdiagonale im Quader

Die Länge der Raumdiagonale ergibt sich aus den Seitenlängen durch zweimalige Anwendung des Satzes des Pythagoras:

$\overline{AC}^2 = a^2 + b^2$

$\overline{AG}^2 = \overline{AC}^2 + c^2 = a^2 + b^2 + c^2$

$\overline{AG} = \sqrt{a^2 + b^2 + c^2}$

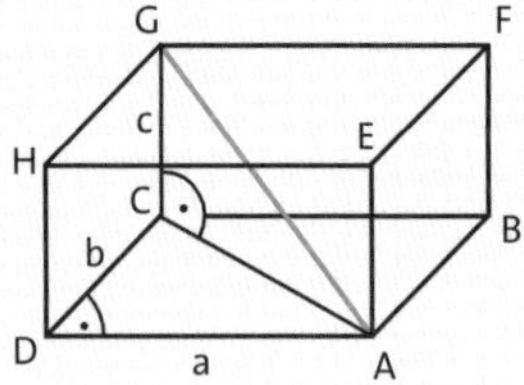

Umkehrung

Gilt zwischen den Seiten a, b und c eines Dreiecks die Beziehung $a^2 + b^2 = c^2$, dann ist das Dreieck rechtwinklig und hat die Hypotenuse c.

Satz des Euklid (Kathetensatz)

Im rechtwinkligen Dreieck ist das Quadrat über einer Kathete flächeninhaltsgleich mit dem Rechteck aus der Hypotenuse und dem zur Kathete gehörenden Hypotenusenabschnitt: $a^2 = c \cdot p$ bzw. $b^2 = c \cdot q$

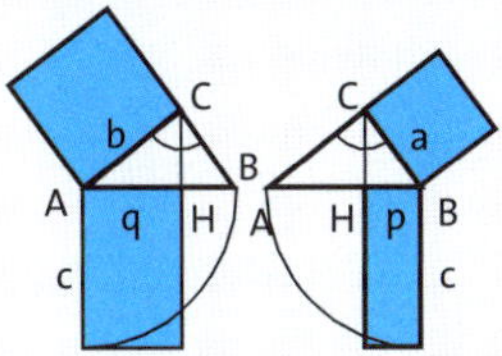

Umkehrung des Satzes des Euklid

Gelten für ein Dreieck mit den Seiten a, b und c, dessen Seite c durch die Höhe h_c in die Abschnitte p und q geteilt wird, die Beziehungen $a^2 = c \cdot p$ und $b^2 = c \cdot q$, dann ist das Dreieck rechtwinklig.

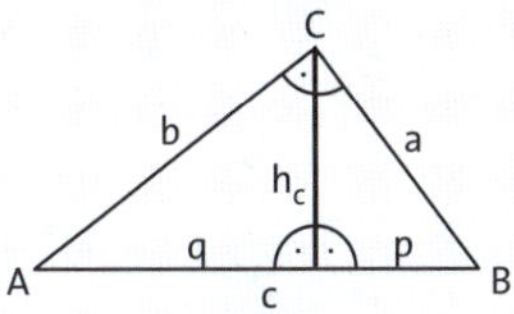

Höhensatz

Im rechtwinkligen Dreieck ist das Quadrat über der Höhe auf der Hypotenuse flächeninhaltsgleich mit dem Rechteck aus den Hypotenusenabschnitten: $h^2 = p \cdot q$

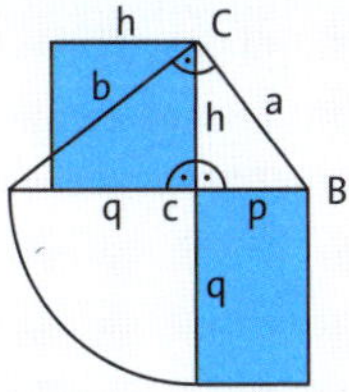

Vierecke

Eine ebene, von vier Strecken eingeschlossene Figur heißt **Viereck.**

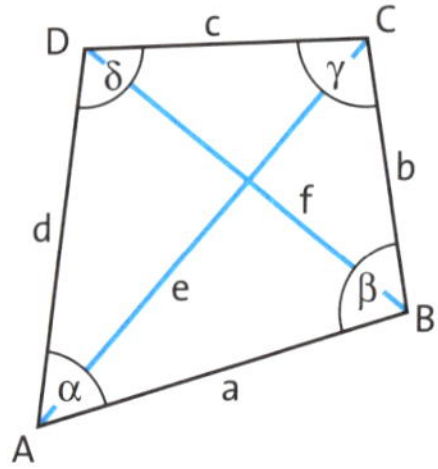

Der **Umfang** u ist die Summe der Seitenlängen:
$u = a + b + c + d$

Die **Summe der Innenwinkel** beträgt 360°.
$\alpha + \beta + \gamma + \delta = 360°$

Arten von Vierecken

Ein Viereck mit vier rechten Winkeln heißt **Rechteck.**
Die Diagonalen e und f halbieren einander.
Gegenüberliegende Seiten sind parallel und gleich lang.
Flächeninhalt: $A = a \cdot b$

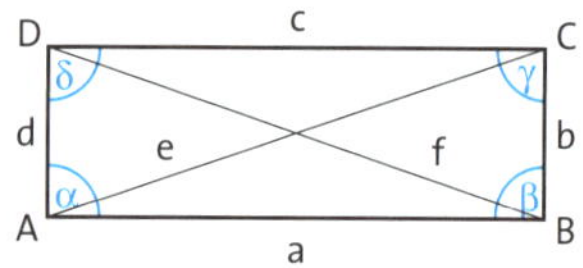

$\alpha = \beta = \gamma = \delta = 90°$
$a = c;\ b = d;\ e = f = \sqrt{a^2 + b^2}$

Ein Viereck heißt **Quadrat,** wenn alle Seiten gleich lang sind und alle Innenwinkel 90° betragen.
Flächeninhalt: $A = a^2 = \frac{1}{2}e^2$

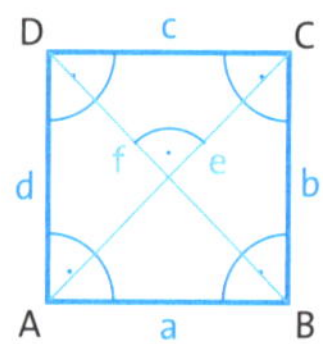

$a = b = c = d; \quad e = f;$
$e \perp f;\ a \perp b;\ c \perp d;\ b \perp c;\ a \perp d$

Ein Viereck mit vier gleich langen Seiten heißt **Raute** (Rhombus).
Flächeninhalt: $A = \frac{1}{2}ef$

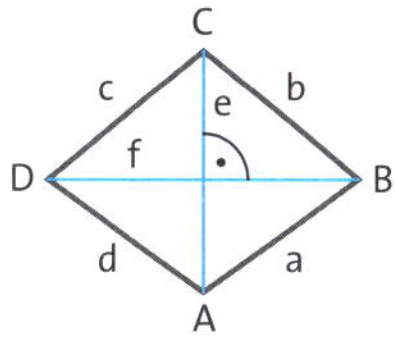

$a = b = c = d;\ a \parallel c;\ b \parallel d$
$e^2 = 4a^2 - f^2$

Ein Viereck mit mindestens zwei parallelen Seiten heißt **Trapez** (1).
Wenn (mindestens) zwei benachbarte Seiten zueinander senkrecht sind, ist es ein **rechtwinkliges Trapez** (2).
Wenn die anderen beiden Seiten gleich lang sind, heißt es **gleichschenkliges Trapez** (3).
Flächeninhalt für Trapeze:
$A = \frac{1}{2}(a + c) \cdot h = m \cdot h$

(1)

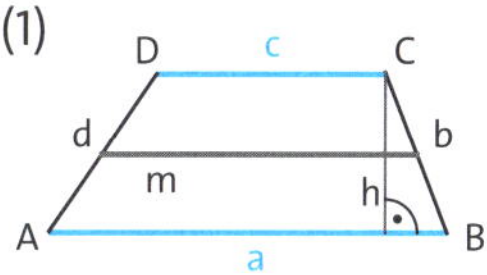

(2)

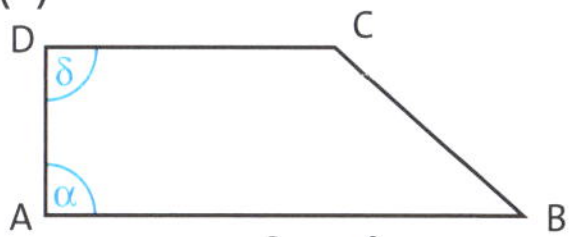

$\alpha = \delta = 90°$

(3)

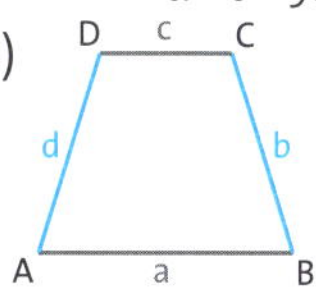

Ein Viereck mit zwei Paaren paralleler Seiten heißt **Parallelogramm.** Die jeweils gegenüberliegenden Seiten und Innenwinkel sind gleich lang bzw. groß.
Flächeninhalt:
$A = a \cdot h_a = a \cdot b \cdot \sin\alpha$

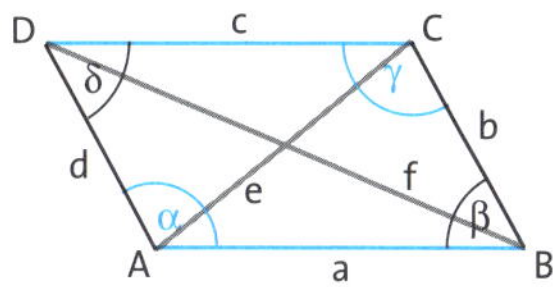

$a = c;\ b = d;\ a \parallel c;\ b \parallel d;$
$\alpha = \gamma;\ \beta = \delta;\ \alpha + \beta = 180°$
$2(a^2 + b^2) = e^2 + f^2$

Arten von Vierecken

Ein Viereck mit zwei Paaren gleich langer benachbarter Seiten heißt **Drachenviereck.**
Flächeninhalt: $A = \frac{1}{2} e \cdot f$

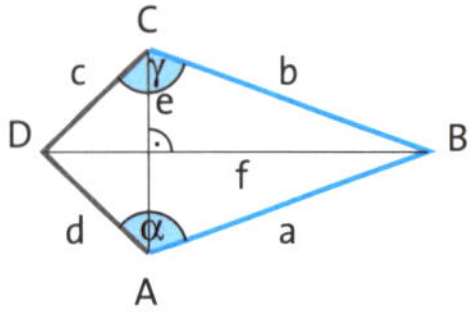

$a = b; c = d; \alpha = \gamma; e \perp f$

Ein Viereck, bei dem die Summe der gegenüberliegenden Winkel stets 180° beträgt, heißt **Sehnenviereck.**
Alle Eckpunkte liegen auf einem Kreis.
Flächeninhalt:
$A = \sqrt{(s-a)(s-b)(s-c)(s-d)}$

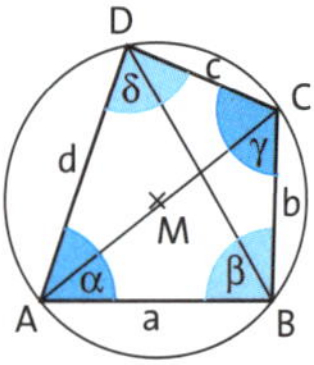

$\alpha + \gamma = \beta + \delta = 180^\circ$

$s = \frac{u}{2}$ $\quad ac + bd = ef$

Vielecke

Vielecke (Polygone) sind abgeschlossene ebene Streckenzüge aus endlich vielen Strecken.

unregelmäßig konkav

regelmäßig konvex

Für die **Innenwinkelsumme** S_n eines beliebigen n-Ecks gilt:
$S_n = (n-2) \cdot 180^\circ$.

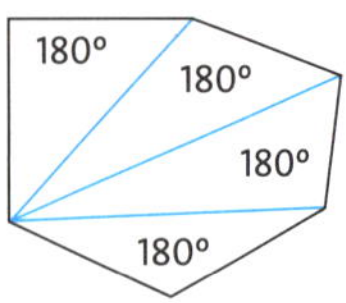

Regelmäßige n-Ecke

Alle regelmäßigen n-Ecke besitzen gleich lange Seiten und gleich große Innenwinkel. Für die Innenwinkel gilt:

$\beta = \frac{(n-2) \cdot 180°}{n} = 180° - \frac{360°}{n}$.

r_1: Inkreisradius
r_2: Umkreisradius

$\alpha = \frac{360°}{n}$ $u = n \cdot a$

$A = \frac{n}{2} \cdot a \cdot r_1 = \frac{n}{2} \cdot r_2{}^2 \cdot \sin \alpha$

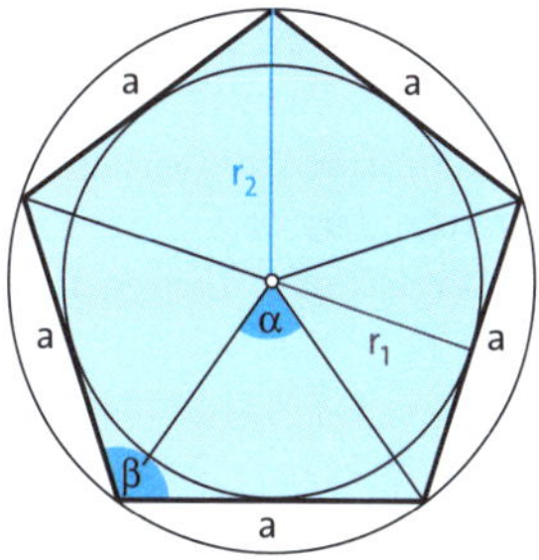

Übersicht über regelmäßige n-Ecke

Anzahl der Ecken n	Innenwinkel $\frac{(n-2) \cdot 180°}{n}$	Anzahl der Diagonalen $\frac{1}{2} \cdot n \cdot (n-3)$	Seitenlänge $2r_2 \cdot \sin \frac{\alpha}{2}$	Flächeninhalt $\frac{n}{2} \cdot r_2{}^2 \cdot \sin \alpha$
3	60°	0	$\sqrt{3} \cdot r_2$	$\frac{4}{3}\sqrt{3} \cdot r_2{}^2$
4	90°	2	$\sqrt{2} \cdot r_2$	$2 \cdot r_2{}^2$
5	108°	5	$\frac{1}{2} r_2 \sqrt{10-2 \cdot \sqrt{5}}$	$\frac{5}{8} \cdot \sqrt{10-2 \cdot \sqrt{5}} \cdot r_2{}^2$
6	120°	9	r_2	$\frac{3}{2}\sqrt{3} \cdot r_2{}^2$

Kreis

Der **Kreis** (Kreislinie) ist die Menge der Punkte, die von einem festen **Mittelpunkt** M aus den gleichen Abstand r haben. r heißt **Radius** des Kreises.
Q: **innerer Punkt;** $\overline{QM} < r$
P: **Randpunkt;** $\overline{PM} = r$
R: **äußerer Punkt;** $\overline{RM} > r$

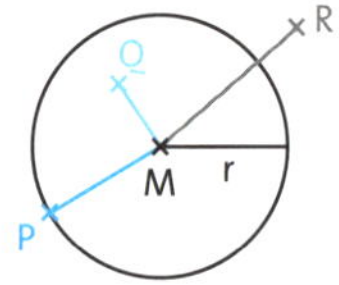

Zur **Kreisfläche** gehören alle Randpunkte und alle inneren Punkte.
Flächeninhalt:
$A = \pi \cdot r^2 = \frac{1}{4}\pi \cdot d^2$
Der **Umfang** des Kreises ist die Länge der Kreislinie.
$u = 2 \cdot \pi \cdot r = \pi \cdot d$

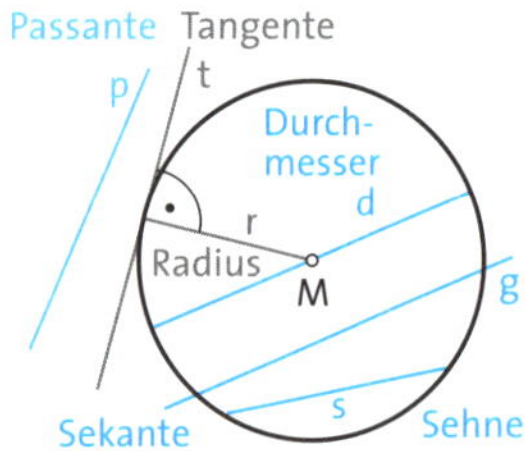

$d = 2 \cdot r$

Tangente und Berührungsradius stehen senkrecht aufeinander.
α: Sehnentangentenwinkel
β: Zentriwinkel
γ, γ': Peripheriewinkel über dem Bogen b

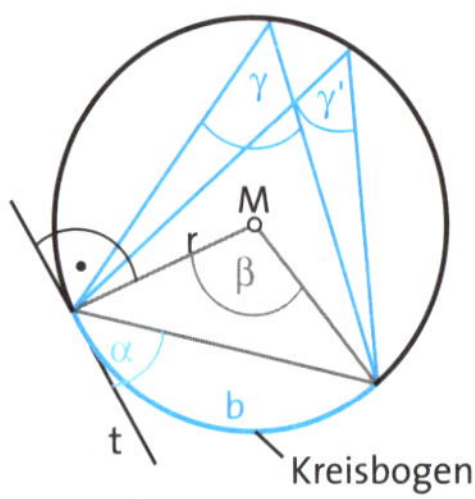

Am Kreisausschnitt A_α und dem Kreisbogen b gilt:
$\frac{b}{u} = \frac{\alpha}{360°}$ $\quad A_\alpha = \frac{1}{2} b \cdot r$

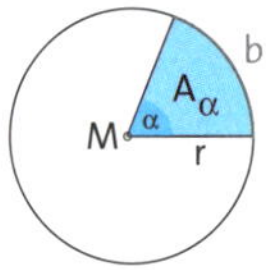

Zentrische Streckung und Ähnlichkeit

Eine **zentrische Streckung** Z mit dem Punkt S als **Streckungszentrum** und dem Faktor k (k > 0) als **Streckungsfaktor** ist eine Abbildung der Ebene auf sich selbst. Für das Bild P' jedes Punktes P (P ≠ S) gilt:

- P liegt auf dem Strahl $\overrightarrow{SP}$
- $\overline{SP'} = k \cdot \overline{SP}$
- S' (Bildpunkt von S) ist S

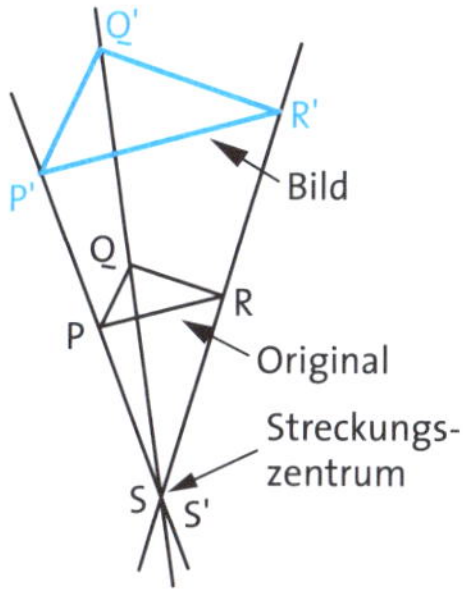

Wenn es eine Ähnlichkeitsabbildung φ gibt, die die Figur F auf die Figur F' abbildet, sind beide Figuren **zueinander ähnlich.**

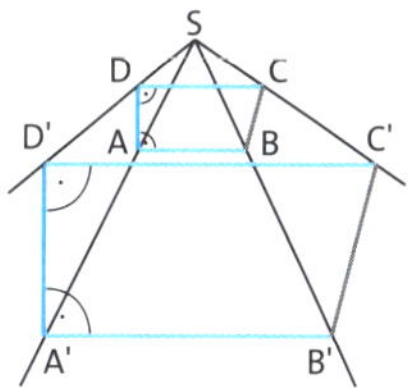

Bei zueinander ähnlichen Figuren sind entsprechende Winkel gleich groß **(Winkeltreue).**

Bei zueinander ähnlichen Dreiecken gilt:

$$\frac{A'}{A} = \frac{a'^2}{a^2} = \frac{b'^2}{b^2} = \frac{c'^2}{c^2} = k^2$$

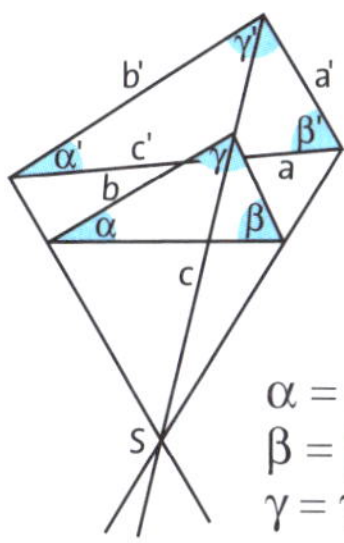

$\alpha = \alpha'$
$\beta = \beta'$
$\gamma = \gamma'$

Der **Maßstab** zeigt das Verhältnis vom Original zum Bild.

Landkarte 1 : 200 000:
1 cm auf der Karte entspricht 200 000 cm = 2 km in der Wirklichkeit.

Strahlensätze

Werden **Strahlenbüschel** (s_1; s_2; s_3) von **Parallelen** (g; h) geschnitten, entstehen **Strahlenabschnitte** und Parallelenabschnitte.

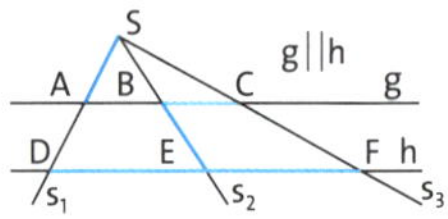

Strahlenabschnitte: $\overline{SA}$, $\overline{BE}$
Parallelenabschnitte: $\overline{BC}$, $\overline{DF}$

1. Strahlensatz
Die Längen der Abschnitte auf einem Strahl verhalten sich zueinander wie die Längen der gleich liegenden Abschnitte auf einem anderen Strahl.

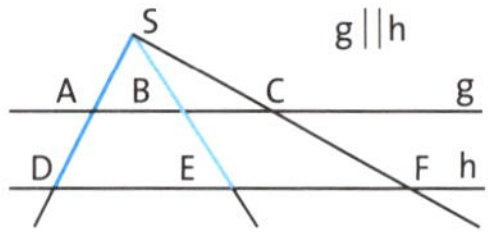

$\overline{SA} : \overline{AD} = \overline{SB} : \overline{BE}$

2. Strahlensatz
Die Längen der zwischen zwei Strahlen liegenden Parallelenabschnitte verhalten sich zueinander wie die Längen der vom Scheitelpunkt aus gemessenen zugehörigen Strahlenabschnitte.

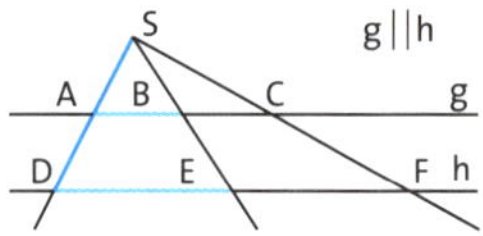

$\overline{SA} : \overline{SD} = \overline{AB} : \overline{DE}$

3. Strahlensatz
Die Längen gleich liegender Parallelenabschnitte zwischen zwei Strahlen verhalten sich zueinander wie die Längen gleich liegender Parallelenabschnitte zwischen zwei anderen Strahlen.

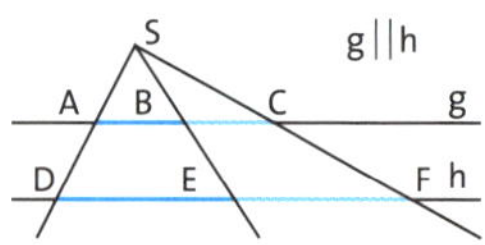

$\overline{AB} : \overline{DE} = \overline{BC} : \overline{EF}$

Goldener Schnitt

Der goldene Schnitt ist eine Form der geometrischen Teilung einer Strecke. Es werden Strecken so geteilt, dass gilt:
$\overline{AB} : \overline{AT} = \overline{AT} : \overline{BT}$

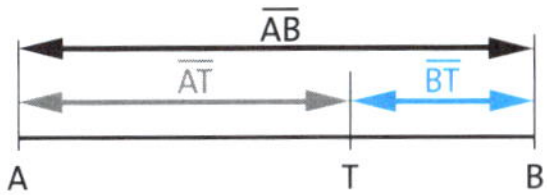

Ähnlichkeit bei Dreiecken

Dreiecke sind zueinander ähnlich, wenn sie in zwei Innenwinkeln übereinstimmen.

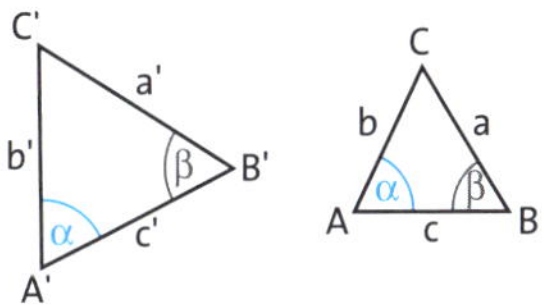

Körper

Begriffe

Oberflächeninhalt A_O: Summe der Flächeninhalte aller Begrenzungsflächen
Volumen V: Größe des Rauminhaltes innerhalb der Begrenzungsflächen
Es gibt Körper mit einer **Grundfläche** A.
Die übrigen Flächen heißen Seitenflächen, sie bilden zusammen die **Mantelfläche** A_M.

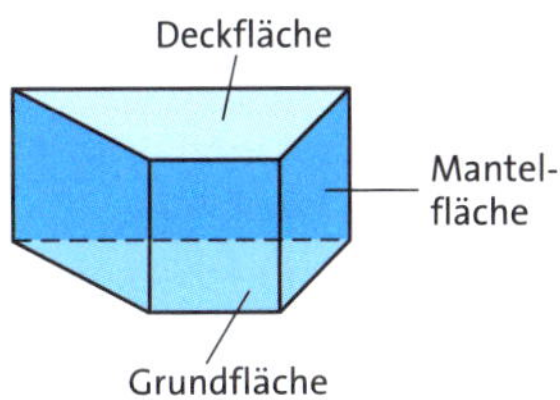

Quader und Prismen

Ein **Quader** (1) wird von drei Paaren zueinander kongruenter Rechtecke (die paarweise parallel liegen) begrenzt.
$V = a \cdot b \cdot c$ $A_M = 2(ac + bc)$
$A_O = 2(ab + ac + bc)$
Beim **Würfel** (2) (Hexaeder) sind die Flächen sechs kongruente Quadrate.
$V = a^3$ $A_M = 4a^2$ $A_O = 6a^2$

(1)

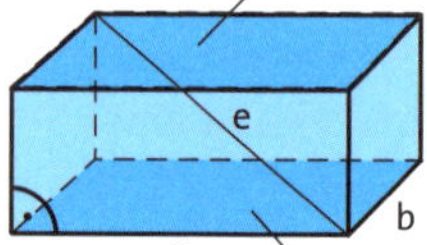

(2)

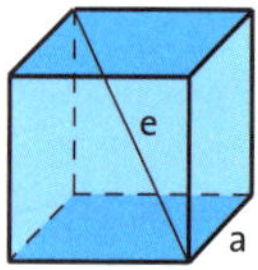

Ein gerades n-seitiges **Prisma** (3) wird begrenzt von:
- zwei kongruenten zueinander parallelen n-Eckflächen,
- n Rechteckflächen.

$V = A_G \cdot h$ $A_O = 2\,A_G + A_M$
Dreiseitiges Prisma (4):
$V = \frac{a^2}{4} h\sqrt{3}$ $A_M = 3ah$
$A_O = \frac{a}{2}(a\sqrt{3} + 6h)$

(3)

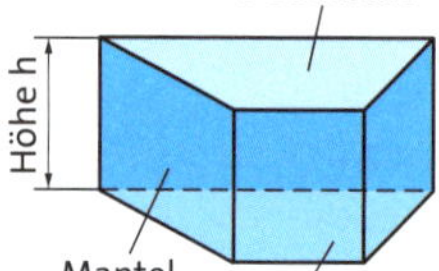

(4)

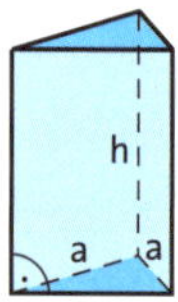

Pyramide

Sie wird begrenzt von:
- einer n-Eckfläche,
- n Dreiecksflächen mit gemeinsamem Punkt S.

$V = \frac{1}{3} A_G h$ $A_O = A_G + A_M$

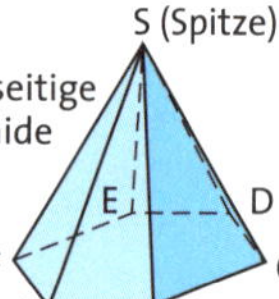

Für eine **gerade quadratische Pyramide** gilt:

$V = \frac{1}{3} a^2 h \qquad A_M = 2ah_s$

$A_O = a(a + 2h_s)$

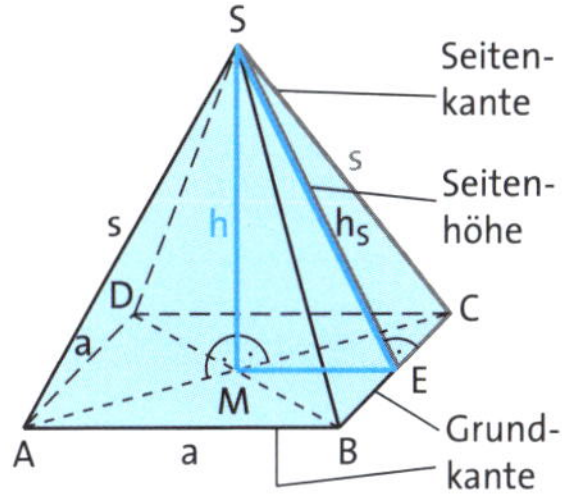

Zylinder

Ein gerader **Kreiszylinder** wird begrenzt von:

- zwei kongruenten zueinander parallelen Kreisflächen,
- einer gekrümmten Fläche, die abgewickelt ein Rechteck ergibt.

$V = \pi r^2 h = \frac{\pi}{4} d^2 h \qquad d = 2r$

$A_M = 2\pi rh = \pi dh$

$A_O = 2\pi r(r + h) = \pi d(\frac{d}{2} + h)$

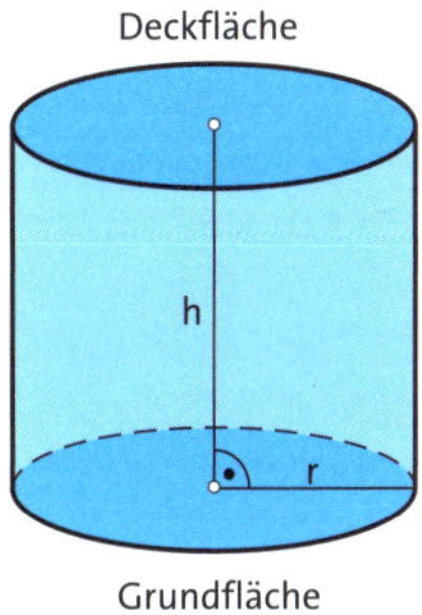

Kegel

Ein gerader **Kreiskegel** wird begrenzt von:

- einer Kreisfläche,
- einer gekrümmten Fläche, die abgewickelt einen Kreisausschnitt ergibt.

$V = \frac{1}{3} A_G h \qquad s^2 = h^2 + r^2$

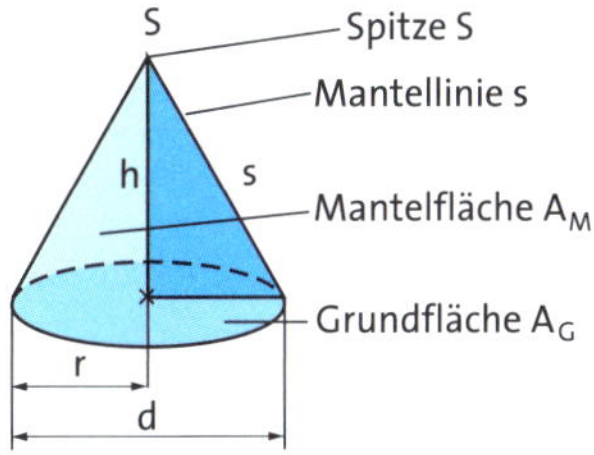

Kegel

$A_O = A_G + A_M$

$V = \frac{\pi}{3} r^2 h = \frac{\pi}{12} d^2 h \qquad d = 2r$

$A_M = \pi r s = \frac{\pi}{2} d s$

$A_O = \pi r(r + s) = \frac{\pi}{4} d(d + 2s)$

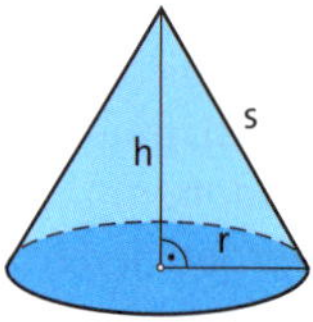

Kugel

Die **Kugel** ist ein geometrischer Körper, der von einer gleichmäßig gekrümmten Fläche **(Kugeloberfläche)** begrenzt wird. Alle Punkte der Kugeloberfläche haben von einem festen Punkt im Raum **(Kugelmittelpunkt)** den gleichen Abstand (Radius r).

$V = \frac{4}{3}\pi r^3 = \frac{1}{6}\pi d^3 \qquad d = 2r$

$A_O = 4\pi r^2 = \pi d^2$

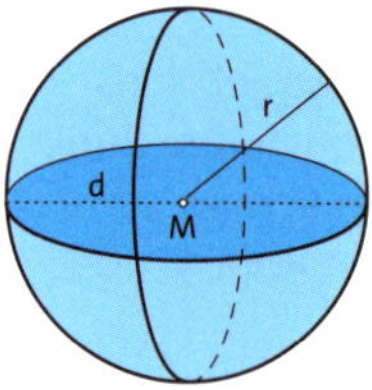

Beim ebenen Schnitt einer Kugel entstehen zwei **Kugelabschnitte (Kugelsegmente).** Der jeweils abgetrennte Teil der Kugeloberfläche heißt **Kugelkappe** (Kugelhaube, Kalotte).

$V = \frac{\pi}{6} h \cdot (3{r_1}^2 + h^2)$

$A_O = \pi\,(2{r_1}^2 + h^2)$

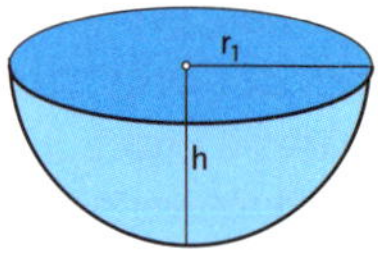

Projektionsarten

Ein Körper kann mithilfe von **Projektionsstrahlen** in eine Ebene (Bildebene) abgebildet werden. Jedem Punkt des Körpers wird dabei genau ein Bildpunkt in der Ebene zugeordnet.

Gehen alle Projektionsstrahlen von einem Punkt aus, so nennt man diese Abbildung **Zentralprojektion.**

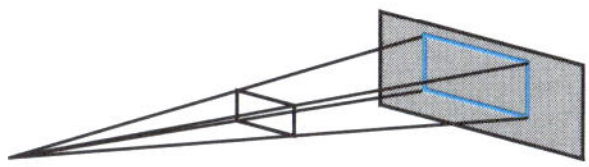

Verlaufen die Projektionsstrahlen zueinander parallel, so heißt eine solche Abbildung **Parallelprojektion.**

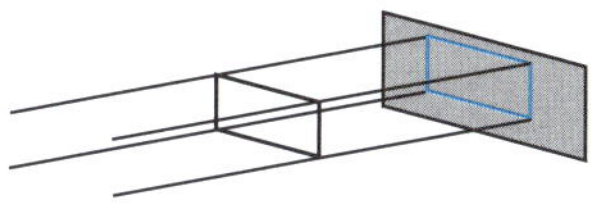

Bei einer Parallelprojektion können Strecken, Winkel oder Flächen des Originals in **wahrer Größe und Gestalt** oder auch verkürzt, verlängert oder verzerrt abgebildet werden. Die auf den drei Dimensionen jedes Körpers verlaufenden Linien **(Breite, Tiefe, Höhe)** heißen entsprechend.

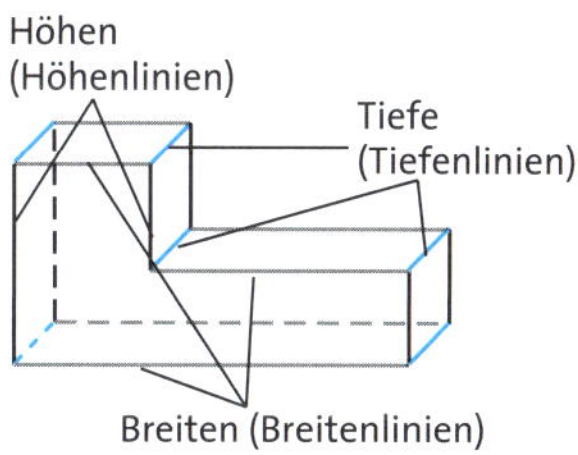

5

Projektionsarten

Bei einer **senkrechten Zweitafelprojektion** erfolgt eine Abbildung (Zweitafelbild) gleichzeitig in zwei Ebenen. Die **Grundrissebene** befindet sich unter dem Körper **(Grundriss).** Hinter dem Körper befindet sich die **Aufrissebene (Aufriss).** Dem Grundriss entspricht die Ansicht von oben **(Draufsicht)** und dem Aufriss die Ansicht von vorn **(Vorderansicht).**

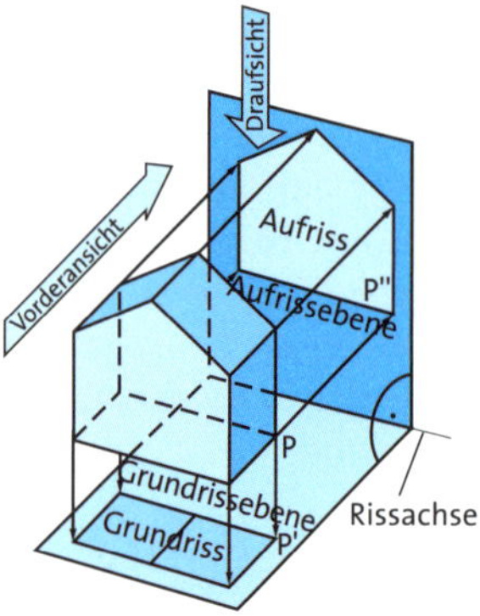

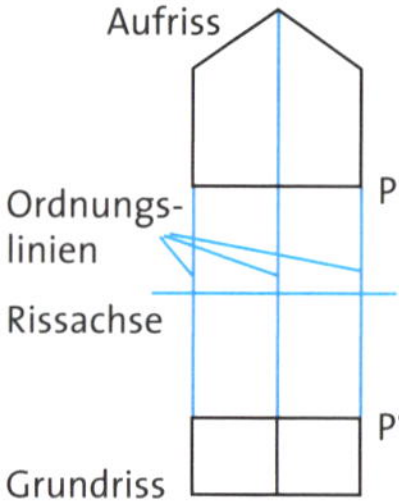

Trigonometrie

Sinussatz

In jedem Dreieck verhalten sich die Längen zweier Seiten wie die Sinuswerte der gegenüberliegenden Winkel:

$a : b : c = \sin\alpha : \sin\beta : \sin\gamma$

oder $\frac{a}{\sin\alpha} = \frac{b}{\sin\beta} = \frac{c}{\sin\gamma}$

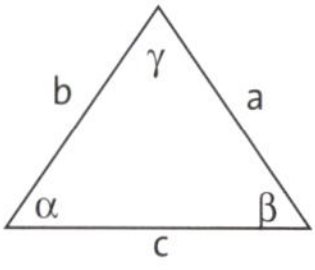

■ Spitzwinkliges Dreieck:

$\sin\beta = \frac{h_c}{a}$; $\sin\alpha = \frac{h_c}{b}$

$h_c = a \cdot \sin\beta = b \cdot \sin\alpha$

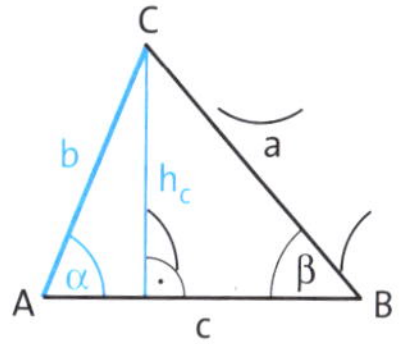

■ Rechtwinkliges Dreieck:

$h_c = b$ ($\sin\alpha = \sin 90° = 1$)

$b = h_c = a \cdot \sin\beta$

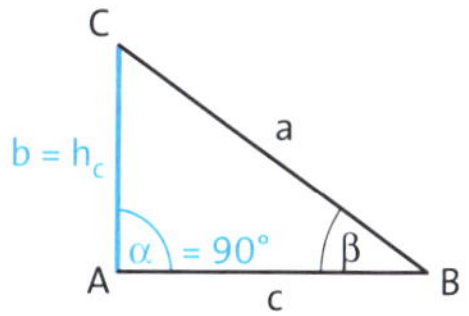

■ Stumpfwinkliges Dreieck:

$\delta = \sin(180° - \alpha)$

$\sin\alpha = h_c : b$

$\sin\beta = h_c : a$

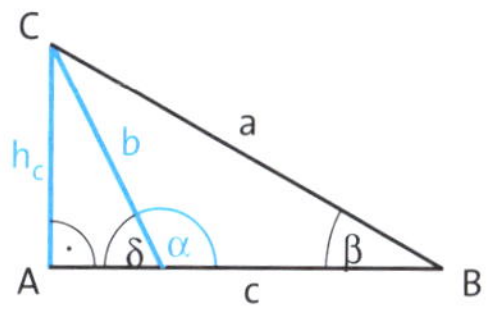

Kosinussatz

In jedem Dreieck gilt:

$a^2 = b^2 + c^2 - 2bc \cdot \cos\alpha$

$b^2 = a^2 + c^2 - 2ac \cdot \cos\beta$

$c^2 = a^2 + b^2 - 2ab \cdot \cos\gamma$

Aufgepasst: Der Satz des Pythagoras (↑ S. 82) ist ein Spezialfall des Kosinussatzes für $\gamma = 90°$ ($\cos 90° = 0$).

6 Wahrscheinlichkeitsrechnung und Stochastik

Kombinatorik

Jede mögliche Anordnung von allen n Elementen einer Menge heißt **Permutation** P_n. Für n verschiedene Elemente gibt es n! Anordnungsmöglichkeiten.
$P_n = n!$

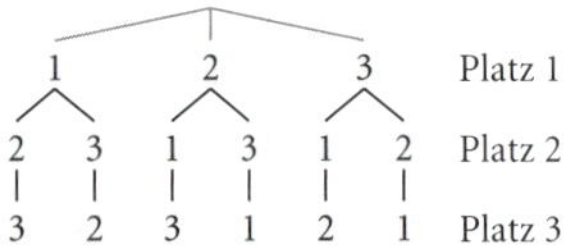

Für drei Elemente gibt es $3 \cdot 2 \cdot 1 = 6$ Möglichkeiten.
$P_3 = 3! = 6$

n! (sprich: **„n Fakultät"**) ist das Produkt aller natürlichen Zahlen von 1 bis n.
$n! = n \cdot (n-1) \cdot \ldots \cdot 3 \cdot 2 \cdot 1,$
$(n+1)! = (n+1) \cdot n!$ $(n \in \mathbb{N})$

$3! = 2! \cdot 3 = 1 \cdot 2 \cdot 3 = 6$
$4! = 24$ $5! = 120$ $6! = 720$
$7! = 5\,040$ $8! = 40\,320$

$0! = 1$ $1! = 1$

Der Ausdruck $\binom{n}{k}$ (gesprochen: n über k) wird als **Binomialkoeffizient** bezeichnet. $(k, n \in \mathbb{N}; k \leq n)$
$\binom{n}{k} = \frac{n!}{k!(n-k)!}$

$\binom{n}{0} = (n/n) = 1$

Rechenregeln für Binomialkoeffizienten:
$\binom{n}{1} = \binom{n}{n-1}$ $(n \in \mathbb{N})$
$\binom{n}{k} = \binom{n}{n-k}$
$\binom{n}{k} + \binom{n}{k+1} = \binom{n+1}{n+k}$

$\binom{5}{3} = \binom{5}{5-3} = \binom{5}{2} = \frac{5 \cdot 4}{1 \cdot 2} = 10$
$\binom{5}{2} + \binom{5}{3} = \binom{6}{3} = \frac{6 \cdot 5 \cdot 4}{1 \cdot 2 \cdot 3} = 20$

Jede mögliche Anordnung von je k Elementen aus n Elementen, bei der die **Reihenfolge** berücksichtigt wird, heißt **Variation** V_n^k (Variation von n Elementen zur k-ten Klasse).

■ Für Variationen **ohne Wiederholung** gilt:

$$V_n^k = \frac{n!}{(n-k)!} = \binom{n}{k} k!$$

2 aus 3 Elementen ABC:

$$V_3^2 = \frac{3!}{1!} = 6$$

AB BA CA AC BC CB

■ Für die Anzahl der Variationen **mit Wiederholung** gilt: $\overline{V}_n^k = n^k$

2 aus 3 Elementen ABC:

$$\overline{V}_3^2 = 3^2 = 9$$

AA BA CA AB BB CB
AC BC CC

Jede mögliche Anordnung **ohne** Berücksichtigung der **Reihenfolge** aus jeweils k von n Elementen einer Menge heißt **Kombination.**

■ Für die Anzahl der Kombinationen **ohne Wiederholung** gilt:

$$C_n^k = \frac{n!}{(n-k)! \cdot k!} = \binom{n}{k}$$

2 aus 3 Elementen ABC:

$$C_3^2 = \binom{3}{2} = 3$$

AB BC AC

■ Für die Anzahl der Kombinationen **mit Wiederholung** gilt:

$$\overline{C}_n^k = \binom{n+k-1}{k}$$

Kombination der Elemente ABC zur zweiten Klasse:

$$\overline{C}_3^2 = \binom{3+2-1}{2} = \binom{4}{2} = 6$$

AA BB CC AB BC AC

Aufgepasst: AB und BA stellen die gleiche Kombination dar.

Wahrscheinlichkeitsrechnung

Zufällige Ergebnisse

Ein **Zufallsexperiment** ist die mehrfache Wiederholung eines zufälligen Vorgangs unter gleichen Bedingungen. Die Menge aller möglichen Ergebnisse heißt **Ergebnismenge** Ω.

Werfen eines Würfels:

Ergebnisse: 1; 2; 3; 4; 5; 6

$\Omega = \{1; 2; 3; 4; 5; 6\}$

Jede Teilmenge der Ergebnismenge Ω nennt man **Ereignis** E.

Eine 6 gewürfelt. $E_1 = \{6\}$
Eine ungerade Zahl gewürfelt. $E_2 = \{1; 3; 5\}$
Keine 6 gewürfelt. $E_3 = \{1; 2; 3; 4; 5\}$

- Ein **sicheres Ereignis** tritt bei **jeder** Versuchsdurchführung ein.

Mit einem Würfel wird eine Zahl von 1 bis 6 gewürfelt.

- Ein **unmögliches Ereignis** ∅ ist ein Ereignis, das bei **keiner** Versuchsdurchführung eintritt.

Mit einem Würfel wird eine 15 gewürfelt.

- Ein **Elementarereignis** {a} ist ein Ereignis mit genau einem Element.

Eine 3 wird gewürfelt. $E_4 = \{3\}$

- Ein **Gegenereignis** $\overline{E}$ (Komplementärmenge von E) ist ein Ereignis, das genau dann eintritt, wenn E nicht eintritt. $E \cup \overline{E} = \Omega$

E_3 ist das Gegenereignis zu E_1 (siehe oben).

Wahrscheinlichkeiten

Unter der **absoluten Häufigkeit** $H_n(E)$ versteht man die Anzahl des Eintretens von E bei n Versuchen.

Note	1	2	3	4	5	6
Anzahl	2	7	9	6	3	1

Schülerzahl n = 28

Die **relative Häufigkeit** $h_n(E)$ ist die absolute Häufigkeit H_n geteilt durch die Gesamtanzahl der Versuche.

$$h_n(E) = \frac{H_n(E)}{n}$$

$$h_{28}(„2“) = \frac{7}{28} = \frac{1}{4}$$

$$h_{28}(„5“) = \frac{3}{28}$$

Das empirische Gesetz der großen Zahlen:
Je häufiger ein Versuch durchgeführt wird, desto mehr nähert sich $h_n(E)$ einem festen Wert an, der **Wahrscheinlichkeit** P(E) genannt wird.

Werfen einer Münze:

Versuche	10	400	6 000
Kopf	7	181	2 958
Zahl	3	219	3 042
Kopf	70 %	45 %	49 %
Zahl	30 %	55 %	51 %

Die relativen Häufigkeiten nähern sich jeweils 50 %.

Die **Wahrscheinlichkeitsverteilung** ordnet jedem einzelnen Ergebnis genau eine Zahl (Wahrscheinlichkeit) so zu, dass diese Zahl zwischen 0 und 1 liegt. Die Summe aller Wahrscheinlichkeiten ist 1.

Bei genügend vielen Versuchen liegt die Wahrscheinlichkeit für das Würfeln einer 2 bei $\frac{1}{6} = 0{,}16666$ und beim Werfen einer Münze für „Kopf“ bei $\frac{1}{2} = 0{,}5$.

Wahrscheinlichkeiten

Laplace-Experiment: Alle Ergebnisse eines Zufallsexperiments haben die gleiche Wahrscheinlichkeit **(Gleichverteilung).** Für ein beliebiges Ereignis E gilt:

$$P(E) = \frac{g}{m} = \frac{\text{Anzahl der für E günstigen Ergebnisse}}{\text{Anzahl aller möglichen Ergebnisse}}$$

Bei genügend vielen Versuchen liegt die Wahrscheinlichkeit für das Würfeln *jeder einzelnen Zahl* bei $\frac{1}{6} = 0{,}1666\overline{6}$ und beim Werfen einer Münze für *jedes der zwei Ereignisse* „Kopf" oder „Zahl" bei $\frac{1}{2} = 0{,}5$.

Regeln für Wahrscheinlichkeiten sind:

1. $0 \leq P(E) \leq 1$
2. Summenregel
   $\{x_1, x_2, ..., x_k\} \subseteq \Omega$
   $P(\{x_1, x_2, ..., x_k\}) = P(\{x_1\}) + P(\{x_2\}) + ... + P(\{x_k\})$
3. Wahrscheinlichkeit des sicheren Ereignisses
   $P(\Omega) = 1$
4. Wahrscheinlichkeit des unmöglichen Ereignisses
   $P(\emptyset) = 0$
5. Wahrscheinlichkeit des Gegenereignisses
   $P(\overline{E}) = 1 - P(E)$
6. $E_1 \subseteq E_2 \quad P(E_1) \leq P(E_2)$
7. Additionssatz für zwei Ereignisse
   $P(E_1 \cup E_2) = P(E_1) + P(E_2) - P(E_1 \cap E_2)$

Werfen eines Würfels:

1. $0 \leq P(\{2\}) \leq 1$
2. $\{1; 2; 3\} \subseteq \Omega$
   $P(\{1; 2; 3\}) = P(\{1\}) + P(\{2\}) + P(\{3\}) = \frac{1}{6} + \frac{1}{6} + \frac{1}{6} = \frac{3}{6}$
3. $P(\{1; 2; 3; 4; 5; 6\}) = 1$
4. $P(\{\ \}) = 0$
5. $P(\{1; 2\}) = 1 - P(\{3; 4; 5; 6\})$
6. $\{1; 2\} \subseteq \{1; 2; 3\}$
   $P(\{1; 2\}) = \frac{2}{6} \leq P(\{1; 2; 3\}) = \frac{3}{6}$
7. $P(\{1; 2; 3\} \cup \{3; 4\}) = P(\{1; 2; 3\}) + P(\{3; 4\}) - P(\{3\}) = \frac{3}{6} + \frac{2}{6} - \frac{1}{6} = \frac{4}{6} = P(\{1; 2; 3; 4\})$

Der **Additionssatz** für *einander ausschließende* Ereignisse lautet:
$P(E_1 \cup E_2) = P(E_1) + P(E_2)$
(Wahrscheinlichkeit für **„entweder** E_1 **oder** E_2**“**).

Wahrscheinlichkeit dafür, beim Würfeln eine 1 oder eine 5 zu erreichen:

$P(E_1 \cup E_5) = P(E_1) + P(E_5)$
$= \frac{1}{6} + \frac{1}{6} = \frac{1}{3}$

Vorgänge mit zufälligem Ergebnis können aus *mehreren Teilvorgängen* bestehen, die sowohl *gleichzeitig* als auch *nacheinander* ablaufen können. Solche Vorgänge werden **mehrstufige Zufallsexperimente** genannt. Ein **Baumdiagramm** ist eine gute Möglichkeit zur Beschreibung mehrstufiger Zufallsexperimente.

Ziehen von 2 Kugeln ohne Zurücklegen aus einer Urne mit 3 unterschiedlichen Kugeln:

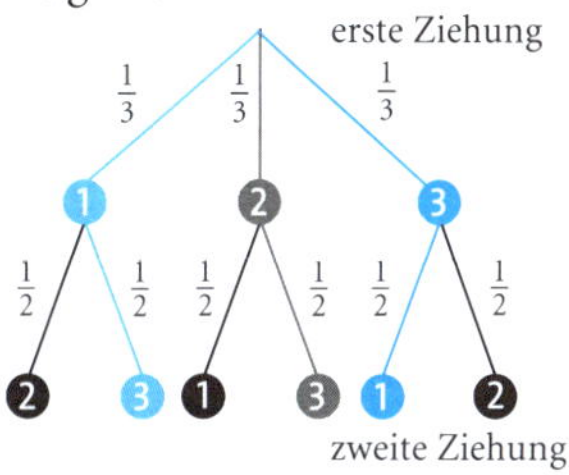

Ergebnisse:
$E_2\{1;3\}$ $E_4\{2;3\}$ $E_5\{3;1\}$

Pfadregeln

1. Pfadregel (Produktregel): Die Wahrscheinlichkeit eines Ergebnisses in einem mehrstufigen Vorgang ist gleich dem Produkt der Wahrscheinlichkeiten längs des Pfades im Baumdiagramm, der diesem Ergebnis entspricht.

Geburt zweier Mädchen:

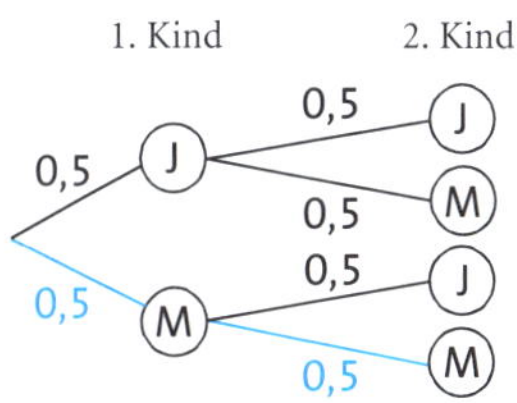

Wahrscheinlichkeit:
$0{,}5 \cdot 0{,}5 = 0{,}25 = 25\%$

Pfadregeln

2. Pfadregel (Summenregel):
Die Wahrscheinlichkeit eines Ereignisses in einem mehrstufigen Vorgang ist gleich der Summe der Wahrscheinlichkeiten der für dieses Ereignis günstigen Pfade.

Mindestens oder genau zweimal „Zahl" (Z) beim dreimaligen Werfen einer Münze

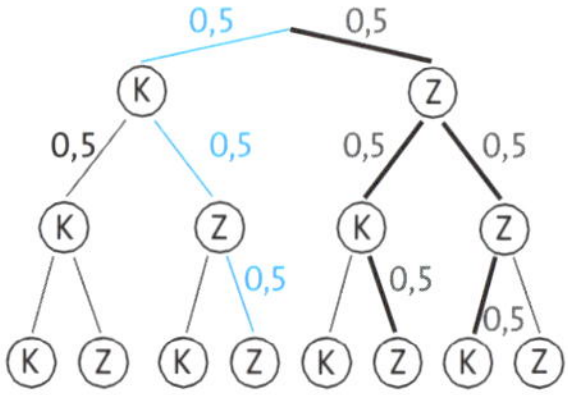

$P(E) = P(\{ZZK\}) + P(\{ZKZ\}) + P(\{KZZ\}) = \frac{1}{8} + \frac{1}{8} + \frac{1}{8} = \frac{3}{8} = 0{,}375 = 37{,}5\%$

Abhängigkeit von Ereignissen

Zwei **Ereignisse** heißen voneinander **unabhängig,** wenn das Eintreten des einen Ereignisses keinen Einfluss auf die Wahrscheinlichkeit des anderen Ereignisses hat.
Ansonsten heißen sie voneinander **abhängig.**

Voneinander unabhängige Ereignisse sind:
das Werfen einer Münze,
das Ziehen einer Kugel aus einer Urne mit Zurücklegen.

Voneinander abhängige Ereignisse sind:
das Ziehen eines Loses aus der Lostrommel,
das Ziehen einer Kugel aus einer Urne ohne Zurücklegen.

Die **bedingte Wahrscheinlichkeit** $P_B(A)$ ist die Wahrscheinlichkeit des Ereignisses A unter der Voraussetzung, dass B mit einer bestimmten Wahrscheinlichkeit bereits eingetreten ist.

$$P_B(A) = \frac{P(A \cap B)}{P(B)}, \text{ falls } P(B) > 0$$

Binomialverteilung

Ein Zufallsversuch, bei dem genau zwei Ergebnisse („Erfolg“ und „Misserfolg“) möglich sind, heißt **Bernoulli-Versuch.** Wird ein Bernoulli-Versuch (mit der Erfolgswahrscheinlichkeit p) n-mal durchgeführt, ist die Wahrscheinlichkeit für k Erfolge ($0 \leq k \leq n$):

$$P(k) = \binom{n}{k} \cdot p^k \cdot (1-p)^{n-k}$$

Die Anzahl dieser Erfolge bei n-maliger Durchführung eines Bernoulli-Versuchs ist eine **Zufallsgröße.** Die Verteilung dieser Zufallsgröße heißt **Binomialverteilung.**

Vierfacher Münzwurf:

Ereignisse	Wahrscheinlichkeiten
$4 \cdot$ Zahl	$p_1 = 1 \cdot \frac{1}{16} = \frac{1}{16}$
$3 \cdot$ Zahl	$p_2 = 4 \cdot \frac{1}{16} = \frac{1}{4}$
$2 \cdot$ Zahl	$p_3 = 6 \cdot \frac{1}{16} = \frac{3}{8}$
$1 \cdot$ Zahl	$p_4 = 4 \cdot \frac{1}{16} = \frac{1}{4}$
keine Zahl	$p_5 = 1 \cdot \frac{1}{16} = \frac{1}{16}$

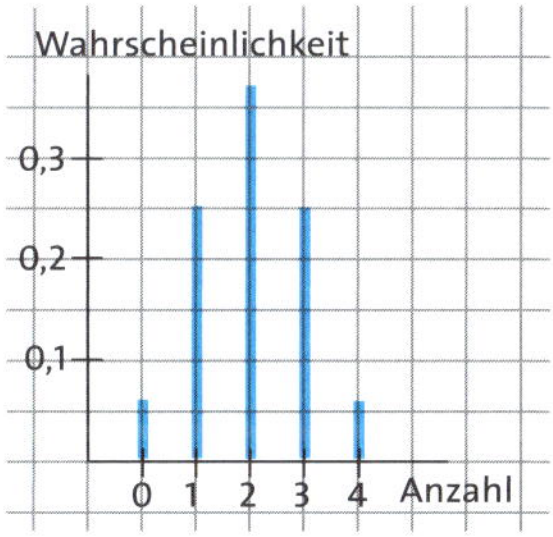

Bedingte Wahrscheinlichkeit und Vierfeldertafel

Mit **Vierfeldtafeln** lassen sich Fragen der bedingten Wahrscheinlichkeit $P_B(A)$ und der Abhängigkeit von Ereignissen besonders übersichtlich darstellen. Eine Vierfeldtafel ist eine Tabelle, die Häufigkeiten von Ereignissen (E) und deren Gegenereignissen ($\overline{E}$) enthält.

64 Mädchen und 56 Jungen besuchen eine Klassenstufe. An einem Projekttag werden ein Kunst- und ein Sportprojekt angeboten. Am Kunstprojekt nehmen 48 Mädchen und 21 Jungen, also insgesamt 69 Schüler teil.

	A: Kunst	$\overline{A}$: Sport	Summe
B: Mädchen	48	16	64
$\overline{B}$: Jungen	21	35	56
Summe	69	51	120

Beispiele für Schlussfolgerungen

Die Wahrscheinlichkeit, dass ein zufällig ausgewählter Schüler der Klassenstufe am Kunstprojekt teilnimmt, beträgt

$P(A) = \frac{69}{120} = 57{,}5\%$.

Handelt es sich bei dem ausgewählten Schüler um ein Mädchen, so beträgt die **bedingte** Wahrscheinlichkeit, dass sie am Kunstprojekt teilnimmt

$P_B(A) = \frac{48}{64} = 75\%$.

Die **bedingte** Wahrscheinlichkeit, dass ein zufällig aus dem Kunstprojekt ausgewählter Schüler ein Junge ist, beträgt

$P_A(\overline{B}) = \frac{21}{69} = 30{,}4\%$.

75% der Mädchen wählen Kunst, aber nur $\frac{21}{56} = 37{,}5\%$ der Jungen. Die Projektwahl ist daher vermutlich ein vom Geschlecht **abhängiges** Merkmal.

Beschreibende Statistik

Untersuchungen beziehen sich im Allgemeinen auf eine **Grundgesamtheit** mit einem bestimmten **Merkmal.** Aus dieser wählt man für die Untersuchung eine **Stichprobe** als Teilmenge aus, die *repräsentativ* sein sollte.

Aus der Bevölkerung eines Landes im Alter von 18 bis 25 Jahren werden 10 000 Menschen ausgewählt. Beachtet werden Alter, Geschlecht, Wohnort.
Grundgesamtheit: Bevölkerung von 18 bis 25 Jahren
Merkmale: Alter, Geschlecht, Wohnort
Stichprobe: 10 000 Personen

Mittelwerte

Der **Modalwert** m ist der am häufigsten unter den Beobachtungsergebnissen einer Stichprobe auftretende Wert.

Note	1	2	3	4	5	6
Anzahl	2	7	9	6	3	1

Modalwert: $m = 3$

Der **Zentralwert (Median)** $\tilde{x}$ ist der in der Mitte stehende Wert der nach der Größe geordneten Werte $x_1, x_2, \ldots, x_n$ der Stichprobe.

0; 2; 2; 5; 6; 6; 9; 11; 11; 12; 15
Median: $\tilde{x} = 6$
2; 5; 6; 6; 9; 11; 11; 12
Median: $\tilde{x} = (6 + 9) : 2 = 7{,}5$

Das **arithmetische Mittel** $\bar{x}$ ist die Summe aller Werte einer Stichprobe dividiert durch deren Anzahl:

$$\bar{x} = \frac{x_1 + x_2 + \ldots + x_n}{n} \quad (n \in \mathbb{N})$$

gemessenes Körpergewicht:
52 kg; 54 kg; 55 kg; 53 kg;
52 kg; 59 kg; 57 kg; 54 kg;
62 kg; 55 kg; 56 kg; 57 kg

$$\bar{x} = \frac{666\,\text{kg}}{12} = 55{,}5\ \text{kg}$$

Das **gewogene arithmetische Mittel** $\overline{x}$ der Beobachtungsergebnisse einer Häufigkeitsverteilung wird berechnet als Summe der Produkte aus den Werten der Stichprobe und ihren zugehörigen relativen Häufigkeiten:
$\overline{x} = h_1 \cdot x_1 + h_2 \cdot x_2 + \ldots + h_k \cdot x_k \quad (n, k \in \mathbb{N}; k \leq n)$

Note	1	2	3	4	5	6
Anzahl	2	7	9	6	3	1

$\overline{x} = \frac{(2 \cdot 1) + (7 \cdot 2) + \ldots + (1 \cdot 6)}{28} =$

$\frac{2 + 14 + 27 + 24 + 15 + 6}{28} =$

$\frac{88}{22} = \frac{22}{7} \approx 3{,}14$

Streuungsmaße

Wichtig für statistische Erhebungen ist auch, wie weit die Werte streuen.

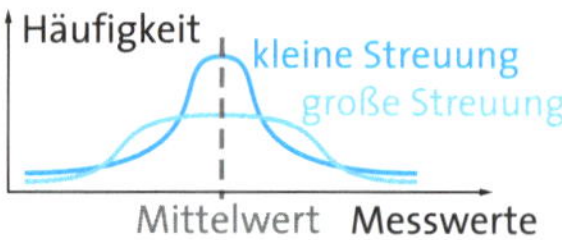

Bei gleichem Mittelwert sind die Messwerte doch völlig anders verteilt (gestreut).

Die **Spann-** oder **Streubreite** w einer Stichprobe ist die Differenz aus dem größten und dem kleinsten Beobachtungsergebnis:
$w = x_{max} - x_{min}$

Gemessenes Körpergewicht:
52 kg; 54 kg; 55 kg; 53 kg; 62 kg; 57 kg; 54 kg; 53 kg

w = 62 kg – 52 kg = 10 kg

Streuungsmaße

Die **mittlere** (lineare) **Abweichung** d der Werte einer Stichprobe (mit dem Umfang n) vom Mittelwert wird berechnet:

$$d = \frac{|x_1 - \bar{x}| + |x_2 - \bar{x}| + \ldots + |x_n - \bar{x}|}{n}$$

$(n \in \mathbb{N})$

Bei der Verkehrszählung in zwei Straßen sind die Mittelwerte gleich.

Häufigkeit		Abweichung von $\bar{x}$	
A	B	A	B
40	62	25	3
65	62	0	3
78	68	13	3
92	71	27	6
67	65	2	0
48	62	17	3
390	390	84	18

Straße A:

$\bar{x} = \frac{390}{6} = 65$

$d = \frac{84}{6} = 14$

Straße B:

$\bar{x} = \frac{390}{6} = 65$

$d = \frac{18}{6} = 3$

Zur Vereinfachung quadriert man die jeweiligen (vorzeichenbehafteten) Abstände und berechnet die **mittlere quadratische Abweichung (Varianz)** s^2.

$$s^2 = \frac{(x_1 - \bar{x})^2 + \ldots + (x_n - \bar{x})^2}{n}$$

$(n \in \mathbb{N})$

Der Wert s wird **Standardabweichung** genannt.

$$s = \sqrt{\frac{(x_1 - \bar{x})^2 + (x_2 - \bar{x})^2 + \ldots + (x_n - \bar{x})^2}{n}}$$

$(n \in \mathbb{N})$

Ein weiteres Streuungsmaß ist die **Halbweite** bzw. **Vierteldifferenz.** Dabei wird nicht auf den Mittelwert $\bar{x}$, sondern auf den Zentralwert $\tilde{x}$ Bezug genommen.

Testfragen

Hier kannst du testen, wie gut du den Schulstoff beherrschst. Zu jeder Frage gibt es genau *eine* richtige Antwort. Wenn du unsicher bist oder mehr wissen möchtest, zeigen dir die Seitenverweise am Rand, wo du ausführlichere Informationen findest. Die Lösungen stehen auf Seite 125.

Schwierigkeitsgrad: einfach

↑ S. 10

1 Nur ein Ergebnis der folgenden Rechnungen ist eine natürliche Zahl. Welches?

☐ a) 3789 – 3790 =
☐ b) 509 : 2 =
☐ c) 45 678 · 67 902 =

↑ S. 37

2 Welche mathematische Formulierung passt zu folgendem Text? *Das 3-Fache einer Zahl vermindert um 8 soll kleiner sein als 7.*

☐ a) $(3 - 8) \cdot 3x > 7x$
☐ b) $3x - 8 < 7 - 3x$
☐ c) $3x - 8 < 7$

↑ S. 70

3 Wenn zwei Geraden entweder keinen Schnittpunkt haben oder alle Punkte gemeinsam, verlaufen sie ...

☐ a) senkrecht zueinander.
☐ b) parallel zueinander.
☐ c) strahlenförmig vom gleichen Ausgangspunkt aus.

↑ S. 17

4 Wie wird beim Addieren zweier gleichnamiger Brüche gerechnet?

☐ a) Nenner + Nenner und Zähler + Zähler.
☐ b) Zähler + Zähler, der Nenner bleibt gleich.
☐ c) Nenner + Nenner, der Zähler bleibt gleich.

5 Steht vor einer Klammer ein Minuszeichen, dann werden Minuszeichen und Klammer weggelassen und ... ↑ S. 29

- ☐ a) alle Vorzeichen umgedreht.
- ☐ b) alle Vorzeichen beibehalten.
- ☐ c) die negativen Vorzeichen umgedreht.

6 Welcher Winkel ist ein überstumpfer Winkel? ↑ S. 72

- ☐ a) $\alpha = 98°$
- ☐ b) $\beta = 182°$
- ☐ c) $\gamma = 360°$

7 Wie nennt man das Ergebnis einer Subtraktionsaufgabe? ↑ S. 11

- ☐ a) Minuend.
- ☐ b) Produkt.
- ☐ c) Differenz.

8 Womit kann man ein Ergebnis überprüfen? ↑ S. 32

- ☐ a) Mit der richtigen Lösungsstrategie.
- ☐ b) Mit der Probe.
- ☐ c) Mit dem Ausschlussverfahren.

9 Wofür steht die Abkürzung ggT? ↑ S. 15

- ☐ a) Gemeinsam gekürzter Teiler.
- ☐ b) Größter gemeinsamer Teiler.
- ☐ c) Gemeinsamer größter Teiler.

10 Welche Rechenoperationen sind in der Zahlenmenge der natürlichen Zahlen uneingeschränkt ausführbar? ↑ S. 7

- ☐ a) Addition und Multiplikation.
- ☐ b) Addition und Subtraktion.
- ☐ c) Multiplikation und Subtraktion.

11 Welcher Begriff ist beim Dividieren von Bruchzahlen von Bedeutung? ↑ S. 18

- ☐ a) Der Kehrwert.
- ☐ b) Der Lösungswert.
- ☐ c) Der Grundwert.

↑ S. 72 **12** Was gilt für Nebenwinkel an zwei sich schneidenden Geraden?

- ☐ a) Ihre Summe beträgt 180°.
- ☐ b) Sie sind immer gleich groß.
- ☐ c) Ihre Summe beträgt 360°.

↑ S. 73 **13** An zwei durch eine Gerade geschnittenen Parallelen ist $\delta = 34°$. Wie groß ist sein Wechselwinkel δ'?

- ☐ a) $\delta' = 146°$
- ☐ b) $\delta' = 34°$
- ☐ c) $\delta' = 326°$

↑ S. 78 **14** Wie lautet der Umfang des Dreiecks mit den Seiten $a = 34$ cm, $b = 240$ mm, $c = 0{,}41$ m?

- ☐ a) 4,1 dm
- ☐ b) $\pi \cdot 24$ cm
- ☐ c) 99 cm

↑ S. 85 **15** Wenn $u = 4a$, handelt es sich um ...

- ☐ a) ein Trapez.
- ☐ b) eine Raute.
- ☐ c) ein Rechteck.

↑ S. 16 **16** Woran erkennt man einen unechten Bruch?

- ☐ a) Zähler = Nenner
- ☐ b) Zähler < Nenner
- ☐ c) Zähler > Nenner

↑ S. 69 **17** In welchem Winkel befindet sich ein Lot zu einer Geraden?

- ☐ a) Im rechten Winkel (90°).
- ☐ b) Im spitzen Winkel (30°).
- ☐ c) Im stumpfen Winkel (120°).

↑ S. 28 **18** Welche der Angaben ist ein Term?

- ☐ a) $3a + 9a + 24b : (-24)$
- ☐ b) $3a + 9b : (-24) < 67$
- ☐ c) $9a : 3 = 9a - 6a$

19 Was ist bei folgender Aufgabe der *letzte* Rechenschritt? ↑ S. 14
(3 + 7) : 5 – 1

☐ a) 3 + 7
☐ b) 2 – 1
☐ c) 5 – 1

20 Wie heißt die Verbindung zwischen den zwei Punkten eines Vierecks, die keine Seite gemeinsam haben? ↑ S. 84

☐ a) Hypotenuse.
☐ b) Höhe.
☐ c) Diagonale.

21 Welche Rechenoperation ist gefragt, wenn in Textaufgaben von „ausgeben“ die Rede ist? ↑ S. 37

☐ a) Addition.
☐ b) Multiplikation.
☐ c) Subtraktion.

22 Die Summe aller Innenwinkel in einem Viereck beträgt ... ↑ S. 84

☐ a) stets 180°.
☐ b) stets 90°.
☐ c) stets 360°.

23 Was ist *keine* geometrische Bewegung? ↑ S. 74

☐ a) Verschiebung.
☐ b) Vernetzung.
☐ c) Spiegelung.

24 Was ist bei der Zahl 125 869 340 der Zehntausender? ↑ S. 9

☐ a) Die 9.
☐ b) Die 2.
☐ c) Die 6.

25 Wie nennt man eine Linie mit einem Anfangs-, aber keinem Endpunkt? ↑ S. 68

☐ a) Strecke.
☐ b) Halbgerade.

↑ S. 72 **26** Gegenüberliegende Winkel an zwei sich schneidenden Geraden nennt man ...
- ☐ a) Wechselwinkel.
- ☐ b) Nebenwinkel.
- ☐ c) Scheitelwinkel.

↑ S. 71 **27** Welchen Winkel erhält man, wenn man einen Vollkreis in 40 deckungsgleiche Teile zerlegt?
- ☐ a) 9°
- ☐ b) 4°
- ☐ c) 40°

↑ S. 12 **28** Stimmt die Behauptung?
Faktoren können vertauscht werden.
- ☐ a) Ja.
- ☐ b) Nein.
- ☐ c) Gilt nur für den Bereich der natürlichen Zahlen.

↑ S. 78 **29** Welche ebene Figur besteht aus drei Strecken, von denen sich je zwei Strecken einen gemeinsamen Punkt teilen?
- ☐ a) Konkaves Viereck.
- ☐ b) Parallelogramm.
- ☐ c) Beliebiges Dreieck.

↑ S. 17 **30** Was ist die Voraussetzung, um zwei Brüche zu subtrahieren?
- ☐ a) Sie müssen teilerfremd sein.
- ☐ b) Sie müssen gleichnamig sein.
- ☐ c) Beide Brüche müssen echte Brüche sein.

↑ S. 88 **31** Alle Punkte, die von einem Punkt denselben Abstand haben, liegen auf ...
- ☐ a) einem Strahl.
- ☐ b) einer Geraden.
- ☐ c) einer Kreislinie.

Schwierigkeitsgrad: mittel

32 Wie stellt man dar, dass ein lineares Gleichungssystem keine Lösung hat? ↑ S. 42

- ☐ a) L = { }
- ☐ b) L = {0}
- ☐ c) L: x = y = { }

33 Wie viele mögliche Ergebnisse gibt es beim einmaligen Werfen eines Würfels? ↑ S. 100

- ☐ a) 36
- ☐ b) 12
- ☐ c) 6

34 Was berechnet man, wenn man wissen will, wie viel 56 % von 75 Vereinsmitgliedern sind? ↑ S. 18

- ☐ a) Den Prozentsatz.
- ☐ b) Den Grundwert.
- ☐ c) Den Prozentwert.

35 Was ist das Ergebnis folgender Aufgabe? $-5{,}9 + (-3{,}2)$ ↑ S. 23

- ☐ a) $-2{,}7$
- ☐ b) $9{,}1$
- ☐ c) $-9{,}1$

36 Wofür steht der Begriff *radizieren?* ↑ S. 26

- ☐ a) Logarithmieren.
- ☐ b) Wurzelziehen.
- ☐ c) Potenzieren.

37 Welchem Grundbegriff aus der Grundgleichung zur Prozentrechnung entspricht bei der Zinsrechnung das Kapital K? ↑ S. 19

- ☐ a) Dem Zinssatz p %.
- ☐ b) Dem Grundwert G.
- ☐ c) Dem Prozentwert W.

↑ S. 8 **38** Wofür steht die römische Zahl CXI?

- ☐ a) 61
- ☐ b) 111
- ☐ c) 1011

↑ S. 35 **39** Eine Verhältnisgleichung heißt auch ...

- ☐ a) Proportion.
- ☐ b) Präposition.
- ☐ c) Promotion.

↑ S. 40 **40** Welcher Begriff passt zu dem Wort *Einsetzungsverfahren?*

- ☐ a) Binomische Formel.
- ☐ b) Quadratische Funktion.
- ☐ c) Lineares Gleichungssystem.

↑ S. 33 **41** Was ist eine wichtige Grundregel beim äquivalenten Umformen einer Ungleichung?

- ☐ a) Auf beiden Seiten die gleiche Rechenoperation ausführen.
- ☐ b) Zuerst die rechte Seite auflösen.
- ☐ c) Stets das Relationszeichen umkehren.

↑ S. 5 **42** Die Lösungsmenge gibt man an mit ...

- ☐ a) LM
- ☐ b) Lös:
- ☐ c) L

↑ S. 24 **43** Wie lautet der Quotient aus dem Dividenden 28 und dem Divisor 7?

- ☐ a) 196
- ☐ b) 0,25
- ☐ c) 4

↑ S. 81 **44** Lässt sich mit der Angabe $c = 4$ cm und $\beta = 42°$ ein eindeutiges Dreieck konstruieren?

- ☐ a) Ja.
- ☐ b) Nein.

45 Wie lassen sich Funktionen *nicht* darstellen? ↑ S. 51

☐ a) Als Wortvorschrift.
☐ b) Als Wertetabelle.
☐ c) Als Notation.

46 Eine Zahl ist durch 3 teilbar, wenn ... ↑ S. 14

☐ a) die letzte Ziffer eine 3 ist.
☐ b) die letzten drei Ziffern eine durch 3 teilbare Zahl bilden.
☐ c) die Quersumme durch 3 teilbar ist.

47 Wie halbiert man zeichnerisch eine Strecke AB? ↑ S. 74

☐ a) Durch Errichten des Lots durch A oder B.
☐ b) Durch Konstruktion der Mittelsekrechten.
☐ c) Durch Konsruktion der Winkelhalbierenden.

48 Welche der Angaben ist eine Ungleichung? ↑ S. 31

☐ a) $28 - 6 : 2$
☐ b) $6 : 2 + 28 > x$
☐ c) $2 - 28 = 6 + y$

49 Welche der folgenden Vorzeichenregeln ist falsch? ↑ S. 22

☐ a) Plus mal plus gleich minus.
☐ b) Minus mal minus gleich plus.
☐ c) Plus mal minus gleich minus.

50 Was wird berechnet, wenn man von einem Körper alle Begrenzungsflächen addiert? ↑ S. 91

☐ a) Sein Volumen.
☐ b) Seine Mantelfläche.
☐ c) Sein Oberflächeninhalt.

51 Was zeichnet den Graphen einer konstanten linearen Funktion aus? ↑ S. 54

☐ a) Der Graph ist eine Parallele zur y-Achse.
☐ b) Der Graph steigt von links nach rechts an.
☐ c) Der Graph ist eine Parallele zu x-Achse.

↑S. 26 **52** Welche Rechenregel gilt für das Rechnen mit Potenzen?

- ☐ a) Potenzieren geht vor Klammer.
- ☐ b) Strichrechnung geht vor Potenzieren.
- ☐ c) Potenzieren geht vor Strichrechnung.

↑S. 77 **53** Was braucht man, um eine Figur spiegeln zu können?

- ☐ a) Einen Spiegelpunkt oder eine Spiegelachse.
- ☐ b) Einen Spiegel- und einen Drehpunkt.
- ☐ c) Eine Spiegelachse und den vorgegebenen Drehwinkel.

↑S. 35 **54** Der Graph einer linearen Zuordnung ist eine ...

- ☐ a) Hyperbel.
- ☐ b) Parabel.
- ☐ c) Gerade.

↑S. 50 **55** Wenn jedem Element x aus einer Definitionsmenge genau ein Element y zugeordnet ist, spricht man ...

- ☐ a) von einer Funktion.
- ☐ b) von einer Gleichung.
- ☐ c) von einem Term.

↑S. 20 **56** Wann kann man den Dreisatz *nicht* anwenden?

- ☐ a) Bei einer direkt proportionalen Zuordnung.
- ☐ b) Bei einer indirekt proportionalen Zuordnung.
- ☐ c) Bei einer Zuordnung durch Addition der Zahl 10.

↑S. 20 **57** Welche Faustregel gilt für eine indirekt (umgekehrt) proportionale Zuordnung?

- ☐ a) Je mehr, desto mehr (im gleichen Verhältnis).
- ☐ b) Je mehr, desto weniger (im gleichen Verhältnis).
- ☐ c) Vom Einfachen zum Mehrfachen.

↑S. 79 **58** Wie bezeichnet man ein Dreieck mit folgenden Innenwinkelmaßen? $\alpha = 32°$, $\beta = 93°$, $\gamma = 55°$

- ☐ a) Spitzwinkliges Dreieck.
- ☐ b) Gleichseitiges Dreieck.
- ☐ c) Stumpfwinkliges Dreieck.

59 Stimmt es, dass man lineare Ungleichungen mit zwei Variablen grafisch lösen kann? ↑ S. 39

☐ a) Ja, durch Auflösung nach einer der beiden Variablen.
☐ b) Ja, alle Punkte auf der Geraden gehören zur Lösungsmenge.
☐ c) Nein, man muss mindestens eine Variable kennen.

60 Nur in einem Fall lässt sich ein Dreieck konstruieren. ↑ S. 79

☐ a) a = 23 cm, b = 25 cm, c = 49 cm
☐ b) a = 13 cm, b = 43 cm, c = 52 cm
☐ c) a = 57 cm, b = 12 cm, c = 70 cm

61 Wie bezeichnet man in einem Term oder in einer Gleichung die Zahl vor einer Variablen? ↑ S. 28

☐ a) Radikand.
☐ b) Koeffizient.
☐ c) Exponent.

62 Wenn von 30 Schülern 18 einen Computer besitzen, wie viel Prozent sind das? ↑ S. 18

☐ a) 60 %
☐ b) 12 %
☐ c) 48 %

63 Wie sieht der Graph einer quadratischen Funktion aus? ↑ S. 56

☐ a) Der Graph ist eine ansteigende Gerade.
☐ b) Der Graph ist eine Parabel.
☐ c) Der Graph ist eine Hyperbel.

64 Wie heißt die längste Seite im rechtwinkligen Dreieck? ↑ S. 82

☐ a) Kathete.
☐ b) Hypotenuse.
☐ c) Ankathete.

65 Ist jede Zuordnung direkt oder indirekt proportional? ↑ S. 52

☐ a) Ja.
☐ b) Nein.

↑S. 6 **66** Wenn alle Elemente einer Menge A auch in der Menge B enthalten sind, spricht man von ...

- ☐ a) einer Schnittmenge.
- ☐ b) einer Teilmenge.
- ☐ c) einer Gesamtmenge.

↑S. 81 **67** Welches Kürzel beschreibt *keinen* Kongruenzsatz für Dreiecke?

- ☐ a) sss
- ☐ b) www
- ☐ c) wsw

↑S. 77 **68** Welches Wort ist – geometrisch betrachtet – achsensymmetrisch?

- ☐ a) OTTO.
- ☐ b) ESSE.
- ☐ c) ANNA.

↑S. 78 **69** Was gilt für ein gleichseitiges Dreieck?

- ☐ a) Alle Innenwinkel betragen 60°.
- ☐ b) Der Winkel über der Hypotenuse ist 90°.
- ☐ c) Alle Außenwinkel betragen 130°.

Schwierigkeitsgrad: schwer

↑S. 29 **70** Worum handelt es sich bei folgendem Term?
$22n + 45 \cdot 2n : (-2) - 3b + 30n\,(5-3)$

- ☐ a) Um ein Binom.
- ☐ b) Um ein Polynom.
- ☐ c) Um ein Trinom.

↑S. 83 **71** In welchem speziellen Dreieck lässt sich der Satz des Euklid anwenden?

- ☐ a) Im gleichseitigen Dreieck.
- ☐ b) In jedem Dreieck.
- ☐ c) Im rechtwinkligen Dreieck.

72 Welche andere Bezeichnung gibt es für die y-Achse in einem kartesischen Koordinatensystem? ↑ S. 51

☐ a) Ordinatenachse.
☐ b) Abszissenachse.
☐ c) Rechtsachse.

73 Welchen Sachverhalt kann man mittels einer Exponentialfunktion beschreiben? ↑ S. 63

☐ a) Den Benzinverbrauch eines Autos.
☐ b) Das Bevölkerungswachstum der Erde.
☐ c) Das Körperwachstum eines Menschen.

74 Welche Eigenschaft gilt für ähnliche Figuren *nicht?* ↑ S. 89

☐ a) Maßstabstreue.
☐ b) Winkeltreue.
☐ c) Längentreue.

75 Wie lässt sich ein Körper auf eine Ebene abbilden? ↑ S. 95

☐ a) Durch Projektion.
☐ b) Durch Streckung.
☐ c) Durch Verschiebung.

76 Was zeichnet jede quadratische Gleichung aus? ↑ S. 43

☐ a) Sie hat quadratische und lineare Glieder.
☐ b) Sie hat ein quadratisches und ein absolutes Glied.
☐ c) Sie hat ein quadratisches Glied.

77 Die Graphen welcher Winkelfunktionen ähneln sich? ↑ S. 66

☐ a) Sinusfunktion und Tangensfunktion.
☐ b) Sinusfunktion und Kosinusfunktion.
☐ c) Kosinusfunktion und Kotangensfunktion.

78 Wenn man eine Zahl zweimal (nacheinander) mit sich selbst multipliziert, erhält man deren ... ↑ S. 25

☐ a) Quadratwurzel.
☐ b) Kubikzahl.
☐ c) Quadratzahl.

↑S. 56 **79** Ist der Koeffizient des quadratischen Glieds einer quadratischen Funktion größer als 1, dann ist ...
- ☐ a) die Parabel gestreckt.
- ☐ b) es keine Parabel.
- ☐ c) die Parabel gestaucht.

↑S. 93 **80** Welcher Körper wird von einer Kreisfläche und einer gekrümmten Fläche, die abgewickelt einen Kreisausschnitt ergibt, begrenzt?
- ☐ a) Ein gerader Zylinder.
- ☐ b) Ein gerader Kegel.
- ☐ c) Eine gerade Pyramide.

↑S. 34 **81** Gehören Potenzieren und Radizieren zu den Äquivalenzumformungen?
- ☐ a) Ja.
- ☐ b) Nein.
- ☐ c) Nur wenn die Gleichung eine Potenz enthält.

↑S. 99 **82** Wie viele Kombinationen ohne Wiederholung gibt es für 2 aus 3 Elementen ABC?
- ☐ a) 3
- ☐ b) 4
- ☐ c) 5

↑S. 64 **83** Unter welchem anderen Begriff sind trigonometrische Funktionen noch bekannt?
- ☐ a) Dreisatzfunktionen.
- ☐ b) Dreiecksfunktionen.
- ☐ c) Winkelfunktionen.

↑S. 80 **84** In welchem Dreieck gilt, dass der Schnittpunkt aller Höhen, Winkelhalbierenden und Seitenhalbierenden derselbe ist?
- ☐ a) Im rechtwinkligen Dreieck.
- ☐ b) Im gleichseitigen Dreieck.
- ☐ c) Im gleichschenkligen Dreieck.

85 Welchen Satz nutzt man, um eine bekannte Lösung einer quadratischen Gleichung zu überprüfen? ↑ S. 44

☐ **a)** Satz des Verdes.
☐ **b)** Satz von Vieta.
☐ **c)** Satz von da Vinci.

86 Wie nennt man eine Gleichung mit einer Variablen im Radikanden? ↑ S. 47

☐ **a)** Radikandengleichung.
☐ **b)** Wurzelgleichung.
☐ **c)** Exponentialgleichung.

87 Die Potenz gibt an, wie viele ... ↑ S. 25

☐ **a)** Faktoren derselben Zahl multipliziert werden.
☐ **b)** Summanden derselben Zahl addiert werden.
☐ **c)** Summen zusammengefasst werden müssen.

88 Zwei Dreiecke sind sich ähnlich, wenn sie ... ↑ S. 91

☐ **a)** in zwei Winkeln übereinstimmen.
☐ **b)** in zwei Seitenlängen übereinstimmen.
☐ **c)** in einer Seite und einem Winkel übereinstimmen.

89 Was kennzeichnet einen Bruchterm? ↑ S. 45

☐ **a)** Der Nenner enthält eine Variable.
☐ **b)** Der Zähler enthält eine Variable.
☐ **c)** Zähler und Nenner müssen eine Variable enthalten.

90 Der Modalwert steht in der Statistik für den ... ↑ S. 106

☐ **a)** häufigsten Wert einer Stichprobe.
☐ **b)** Durchschnitt aus verschiedenen Werten.
☐ **c)** in der Mitte stehenden Wert einer geordneten Reihe.

91 Bei einer algebraischen Gleichung n-ten Grades entspricht der Grad der Gleichung dem ... ↑ S. 46

☐ **a)** kleinsten Exponenten der enthaltenen Variablen.
☐ **b)** größten Exponenten der enthaltenen Variablen.
☐ **c)** konstanten Glied.

↑S. 97 **92** Der Satz des Pythagoras ist ein Spezialfall des ...
- ☐ a) Sinussatzes.
- ☐ b) Kosinussatzes.
- ☐ c) Tangenssatzes.

↑S. 81 **93** Nur ein Dreieck ist eindeutig konstruierbar. Welches?
- ☐ a) $a = 6{,}5$ cm, $b = 5$ cm, $c = 7{,}5$ cm
- ☐ b) $\alpha = 45°$, $\beta = 83°$, $\gamma = 52°$
- ☐ c) $\alpha = 85°$, $\beta = 104°$, $c = 5{,}2$ cm

↑S. 58 **94** Wie heißt der Graph einer geraden Potenzfunktion?
- ☐ a) Hyperbel n-ten Grades.
- ☐ b) Potenziallineare n-ten Grades.
- ☐ c) Parabel n-ten Grades.

↑S. 86 **95** Wie nennt man ein Viereck, dessen Punkte auf einem Kreis liegen?
- ☐ a) Sehnenviereck.
- ☐ b) Radialviereck.
- ☐ c) Polygonviereck.

↑S. 40 **96** Wenn in einem linearen Gleichungssystem die Koeffizienten einer Variablen entgegengesetzte Zahlen sind, bietet sich ...
- ☐ a) das Einsetzungsverfahren zur Lösung an.
- ☐ b) das Gleichsetzungsverfahren zur Lösung an.
- ☐ c) das Additionsverfahren zur Lösung an.

↑S. 98 **97** Das Produkt aller natürlichen Zahlen von 1 bis n nennt man ...
- ☐ a) n Fakultät.
- ☐ b) Permutation.
- ☐ c) Variation.

Lösungen

Einfach

1	c)	17	a)
2	c)	18	a)
3	b)	19	b)
4	b)	20	c)
5	a)	21	c)
6	b)	22	c)
7	c)	23	b)
8	b)	24	c)
9	b)	25	b)
10	a)	26	c)
11	a)	27	a)
12	a)	28	a)
13	b)	29	c)
14	c)	30	b)
15	b)	31	c)
16	c)		

Mittel

32	a)	51	c)
33	c)	52	c)
34	c)	53	a)
35	c)	54	c)
36	b)	55	a)
37	b)	56	c)
38	b)	57	b)
39	a)	58	c)
40	c)	59	a)
41	a)	60	b)
42	c)	61	b)
43	c)	62	a)
44	b)	63	b)
45	c)	64	b)
46	c)	65	b)
47	b)	66	b)
48	b)	67	b)
49	a)	68	a)
50	c)	69	a)

Schwer

70	b)	84	b)
71	c)	85	b)
72	a)	86	b)
73	b)	87	a)
74	c)	88	a)
75	a)	89	a)
76	c)	90	a)
77	b)	91	b)
78	b)	92	b)
79	a)	93	a)
80	b)	94	c)
81	b)	95	a)
82	a)	96	c)
83	c)	97	a)

Bibliografische Information der Deutschen Nationalbibliothek
Die Deutsche Nationalbibliothek verzeichnet diese Publikation in der Deutschen Nationalbibliografie; detaillierte bibliografische Daten sind im Internet über http://dnb.dnb.de abrufbar.

4., aktualisierte Auflage

Redaktionelle Leitung Heike Krüger-Beer
Redaktion Claudia Fahlbusch, Marion Krause, Ulrike Lutz
Autoren Dr. Uwe Bahro, Marion Krause

Herstellung Ursula Fürst
Typografisches Konzept Horst Bachmann
Illustrator Peter Lohse, Büttelborn
Grafiken Bibliographisches Institut GmbH und DUDEN PAETEC GmbH
Umschlaggestaltung Michael Acker
Satz Robert Turzer, CH-3995 Ernen
Druck und Bindung AZ Druck- und Datentechnik GmbH
Heisinger Straße 16, 87437 Kempten
Printed in Germany

ISBN 978-3-411-70354-8
Auch als E-Book erhältlich unter: ISBN 978-3-411-90846-2
www.duden.de

Stichwortfinder